알수록 재미있는 **수학자들**

고대에서 근대까지

알수록 재미있는 수학자들

초판 1쇄 인쇄일 2022년 7월 4일
초판 1쇄 발행일 2022년 7월 15일

지은이 김주은 감 수 박구연
펴낸이 김지영 펴낸곳 지브레인Gbrain
편 집 김현주
마케팅 조명구 제작 · 관리 김동영

출판등록 2001년 7월 3일 제2005-000022호
주소 04021 서울시 마포구 월드컵로7길 88 2층
전화 (02)2648-7224 팩스 (02)2654-7696

ISBN 978-89-5979-740-0(04410)
978-89-5979-742-4(SET)

- 책값은 뒤표지에 있습니다.
- 잘못된 책은 교환해 드립니다.

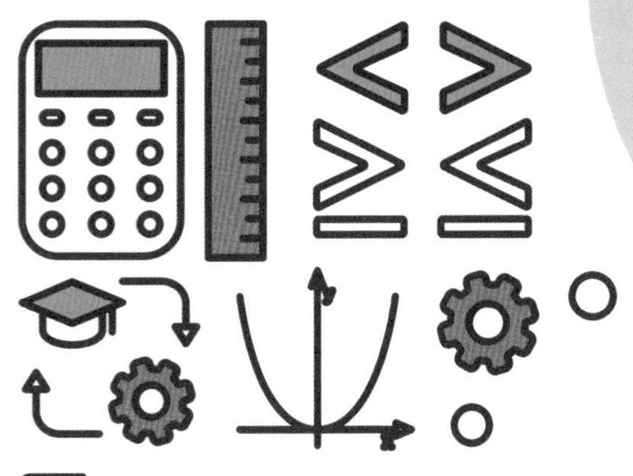

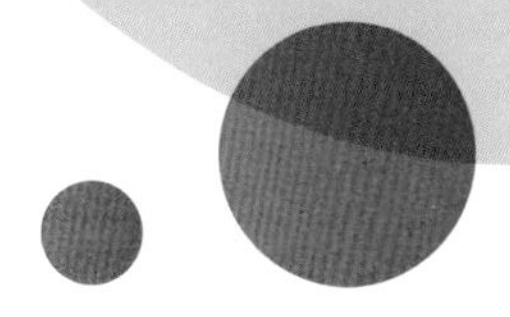

알수록 재미있는 수학자들

고대에서 근대까지

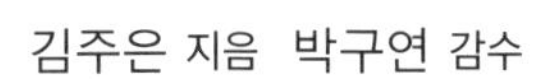

김주은 지음 박구연 감수

들어가는 글

거인의 어깨에 올라서서 더 넓은 세상을 바라보라.

Stand on the shoulders of giants.

아이작 뉴턴

인류사에서 가장 위대한 과학자를 뽑으라고 하면 사람들이 쉽게 떠올리는 인물이 아이작 뉴턴일 확률이 높다.

그가 발견한 중력 법칙부터 운동법칙은 과학 분야에선 꼭 한 번은 언급된다.

그리고 아이작 뉴턴은 3인의 위대한 수학자에도 들어간다. 물론 뉴턴 대신 다른 수학자를 꼽기도 하지만 가우스, 아르키메데스와 함께 꼽히는 수학자가 뉴턴인 것은 맞다.

위대한 과학자이자 수학자 아이작 뉴턴. 그런 그가 남긴 명언, '거인의 어깨에 올라서서 더 넓은 세상을 바라보라'에 담긴 의미는 무엇일까?

그리스 신화에 눈 먼 거인의 어깨에 올라 더 먼 세상을 보았던 그의 하인처럼 세상을 넓게 보라는 의미도 있지만 아이작 뉴턴은 과거 수많은 수학자, 과학자들의 업적을 거인으로 표현했다고 한다.

그들이 있었기에 자신도 그와 같은 연구가 가능했다는 위대한 과학자의 말은 직업으로 자연과학을 접하게 되고 가장 인상적인 순간이었다.

학교를 다닐 때는 왜 자연과학을 공부해야 하는지, 왜 수학이 중요한 것인지 이해할 수가 없었다. 수학을 잘하면 대학을 잘 갈 수 있다는 것 외엔 그 필요성을 느끼지도 못했다.

그런데 막상 사회에 나와서 학생 때의 수학이 실생활에서 쓰이는 경험들을 하게 되었다. 당장 은행이나 보험의 이자를 계산하고 앞으로의 계획을 세울 때 수학적 사고는 큰 도움이 되었다.

통계가 어디에 필요한지 몰랐는데 지표를 보는 눈을 가지게 되었다. 그리고 지금은 직업적으로 수학과학 관련 일을 하고 있다.

20여 년 동안 자연과학 분야를 접하면서 그리고 4차 산업혁명시대를 공부하면서 확실하게 배운 것이 있다.

앞으로의 시대는 수학 분야를 아는 사람이 유리한 시대라는 것이다.

그냥 더하기 빼기만 잘하면 되는 시대가 아니라 더 다양하고 흥미로운 직업을 원한다면 수학을 공부하라는 것이다.

인공지능AI, 빅데이터 등 4차 산업혁명의 승자가 되기 위해 필요한 것은 첫째도 수학, 둘째도 수학, 셋째도 수학이다!

그리고 수학의 힘이 세상을 바꾸며 수학이 국가의 부의 원천이 되는 시대가 온 것이다.

직업의 빅뱅 시대를 열게 되는 제4차 산업혁명시대의 유망 직업 분야로는 데이터 분석가, 컴퓨터·수학 관련 직업, 건축·엔지니어링 관련 직업, 전문화된 세일즈 관련 직업 등이 꼽힌다. 모두 수학적 지식을 필요로 하게 되는 분야다.

수학은 자연의 언어이고 자연과학의 분야로 끝나는 것이 아니다. 삼단논법과 통계는 사회과학, 논리적 사고력, 순식간에 변하는 사회를 바라볼 수 있는 통찰력을 키우는데 도움이 된다.

아인슈타인의 상대성이론이 우주의 법칙만 설명하고 있는 것이 아니다. 우리가 쓰는 핸드폰, 내비게이션, 다양한 영상들이 급속도로 발전하는데 이 이론이 한몫 하고 있다. 유클리드 기하학은 단순하게 어려운 기호들이 난무하는 그런 수학의 한 분야가 아니라 건축을 비롯해 우리가 사는 세상을 발전시키는 데 큰 역할을 하고 있다.

고대 그리스의 철학자이자 수학자 아르키메데스가 자부심을 느꼈던 원에 대한 연구도 여전히 우리 삶을 변화시키는 수학의 한 분야이다.

슈퍼컴퓨터의 도움을 받아 찾아내는 메르센 소수 역시 수학자들의 지적놀음으로 끝나지 않는다. 암호의 세상이 되어가는 현대사회에서는 중요한 분야이다.

이처럼 오랜 고대사회부터 호기심이든 생활에 필요해서든 연구가 시작된 수학은 수천 년의 시간 동안 쌓이고 변화하고 새로운 이론과 정의를 도출시키며 지금의 세상을 만드는 과학의 도구가 되어왔다.

이 책은 그런 그들 중에서도 특히 세상을 바꾼 위대한 수학자들을 엄선해 그들의 업적을 살펴보면서 그들의 연구와 발견이 세상을 어떻게 바꾸고 그 발견들은 또 다른 수학자들에게 어떤 영감을 주었는지를 소개하고 있다.

여러분은 이 책을 통해 아이작 뉴턴이 이야기한 거인들을 만나게 될 것이며 그 거인의 어깨 위에서 새로운 수학적, 과학적 업적들이 쌓이고 세상을 바꾸는 이야기들을 보게 될 것이다.

이 책을 통해 수학으로 세상을 바꾼 위대한 수학자들과 그들이 바꾼 세상을 만나 새로운 세상을 꿈꾸길 바란다.

contents

115
1540~
1603년
프랑수아 비에트
122
1560~
1621년
토머스 해리엇
129
1588~
1647년
마랭 메르센
136
1550~
1617년
존 네이피어
143
1561~
1630년
헨리 브리그스
148
1607~
1665년
피에르 드 페르마

01

탈레스

수학의 기초를 세운 수학자이자
천문학자 그리고 서양 철학의 아버지.

톡톡 포인트

탈레스는 원과 삼각형의 기하학적 성질에 대한 5가지 기본 정리를 증명했다.

1. 원의 중심을 지나는 임의의 선은 원을 이등분한다.

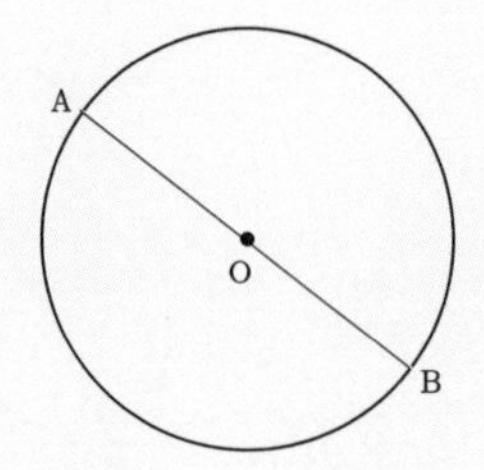

2. 삼각형의 두 변의 길이가 같으면 두 변의 대각의 크기도 같다. 즉 이등변삼각형의 두 밑각의 크기는 같다.

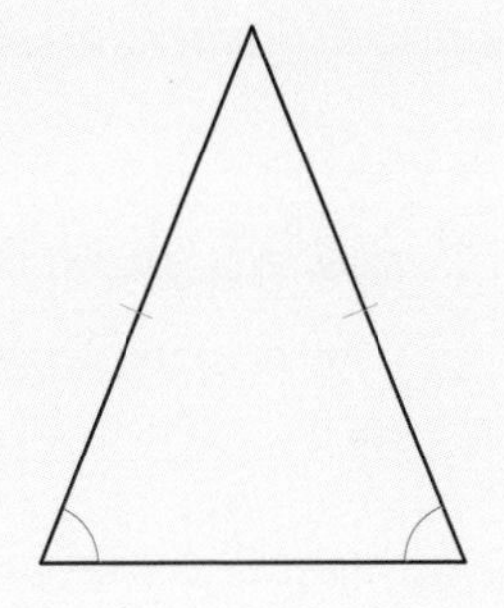

3. 교차하는 직선에 의해 생긴 맞꼭지각의 크기는 같다.

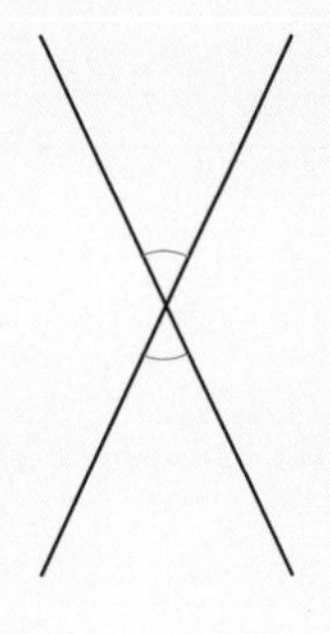

4. 반원에 내접하는 삼각형은 직각삼각형이다.

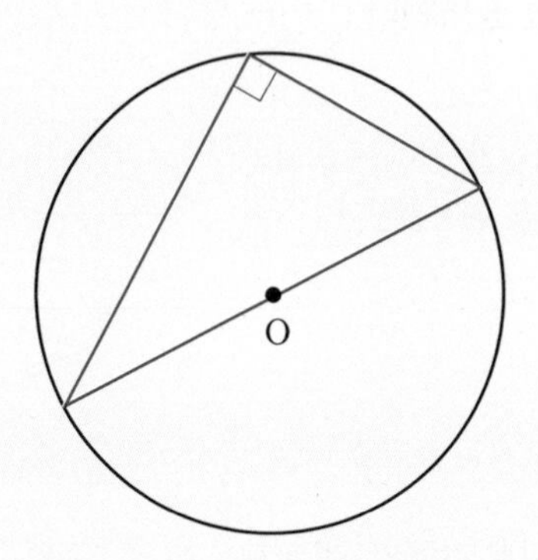

5. 두 개의 삼각형에서 두 각과 그 사이의 변의 길이가 같으면 두 삼각형은 합동이다(ASA합동).

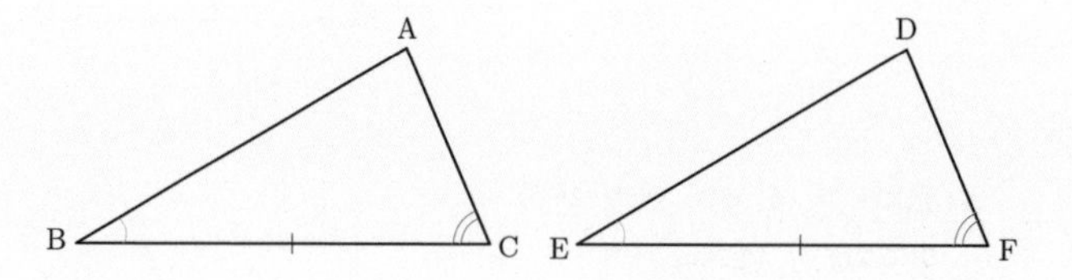

고대 그리스의 신화적 세계관 대신 과학적 세계관을 추구한 탈레스

탈레스는 신들의 세상이던 고대그리스 시대의, 모든 자연 현상과 인간의 운명은 신들의 뜻대로 움직인다는 신화적 세계관에서 벗어나 과학적으로 규명하고자 했던 철학자이자 수학자 그리고 천문학자이다.

왜[why]라는 질문을 중요하게 여겼던 탈레스에게는 무엇을 아느냐가 아니라 어떻게 아느냐를 실천하며 철학, 천문학, 수학 분야에 많은 업적을 남겨 그리스의 7명의 현인 중 한 명으로 꼽힌다.

그는 경험과 논리를 중요하게 생각해 수많은 수학적 성질과 규칙을 찾아내고자 했으며 이를 공리, 공준이라고 했고 이에 대한 논리적 근거를 제시해 얻은 성질을 정리, 논리적으로 추론하는 과정을 증명이라고 했다.

그가 세운 이러한 증명법은 수학의 기본 특성이 되었다.

탈레스는 파라오가 피라미드의 높이를 궁금해하자 막대를 세워 막대의 그림자만으로 피라미드의 높이를 알아냈다.

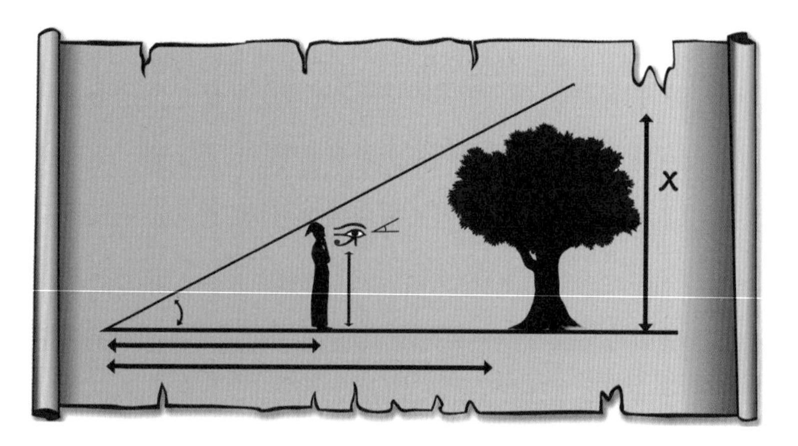

탈레스가 피라미드의 높이를 쟀던 방식. 이 방식을 이용하면 어떤 높은 건물도 높이를 알아낼 수 있다.

상인이었던 탈레스는 소금과 올리브가 주 교역품이었다고 한다. 그로 인해 다양한 나라를 다녔던 그는 여행 중 접하게 된 기하학을 도입해 그리스 수학 발전에 크게 기여했다.

그의 수학적 업적 중에는 이집트 파라오의 부탁으로 막대 그림자를 이용한 피라미드의 높이를 계산하거나 항해사와 상인들의 요청으로 해안에서 멀리 떨어진 배와의 거리를 닮은 삼각형

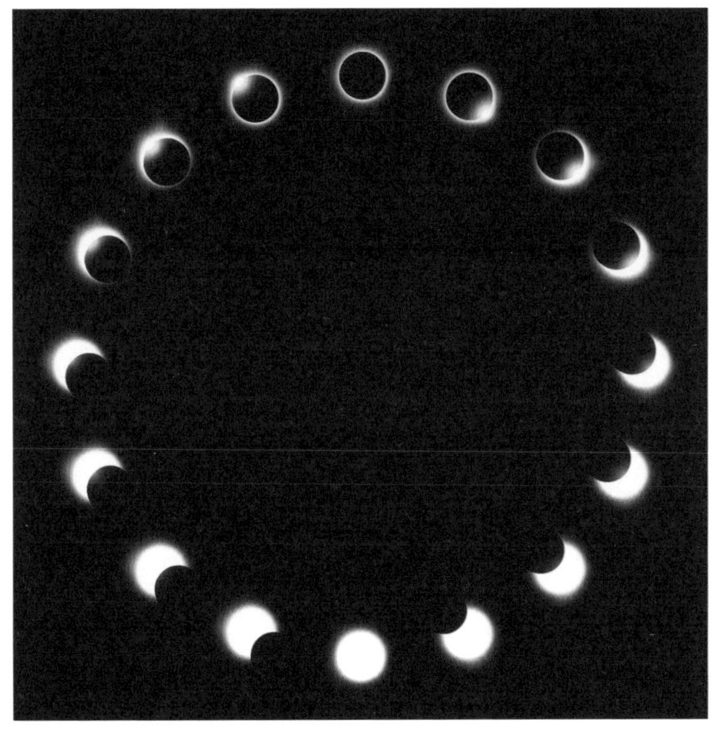

일식의 과정.

의 성질을 이용한 쉬운 계산 등이 있다.

또한 신의 저주로 생각했던 일식을 과학적으로 계산해 예언하고 농경사회에서 중요한 문제였던 하지, 추분, 춘분에 대한 현상과 원인을 알아내기도 했다.

모든 현상을 과학적으로 설명하기 위해 노력했던 탈레스는 작은곰자리를 찾아내고 항해사들에게 이 별자리를 이용해 항해를 할 것을 권하는 등 실생활에서 활용 가능한 업적들이 많아 이에 대해 전해지는 에피소드들이 많다.

여러분도 한 번 정도는 들어봤을 소금 실은 당나귀도 탈레스의 일화에 있다.

소금 광산에서 일하던 당나귀는 무거운 소금을 싣고 가던 도중 개울가에서 넘어지게 된다. 다시 일어난 당나귀는 가벼워진 소금 주머니를 깨닫고 다음에도 같은 장소에서 또 넘어져 계속해서 가벼운 소금 주머니를 나르게 된다.

번번이 개울가에서 넘어지는 당나귀 때문에 손해를 입게 된 상인은 이를 탈레스와 의논했는데 탈레스는 당나귀를 관찰해 의도적으로

넘어진다는 것을 알게 되자 소금 대신 솜을 실었다.

솜을 등에 실은 당나귀는 개울가에 도착하자 다시 넘어졌고 물이 스며든 무거운 솜을 옮기게 되면서 개울가에서 넘어지는 습관을 고쳤다고 한다.

항구도시 밀레투스에서 태어나 상인으로 살아가며 교역을 위해 많은 여행을 했던 탈레스는 기원전 590년경 이오니아 철학 학교를 세우고 그곳에서 과학, 천문학, 수학, 철학을 가르쳤다.

모든 물리적 현상을 자연적으로 설명할 수 있다고 믿었던 그의 과학적 사고력은 현대 과학과 수학 이론에 큰 영향을 미쳤다.

02

피타고라스

'만물은 수다'

수를 사랑한 수학자 피타고라스.

피타고라스의 정리

직각삼각형의 빗변을 한 변으로 하는 정사각형의 넓이는 다른 두 변을 각각 한 변으로 하는 두 개의 정사각형의 넓이의 합과 같다.

$$a^2+b^2=c^2$$

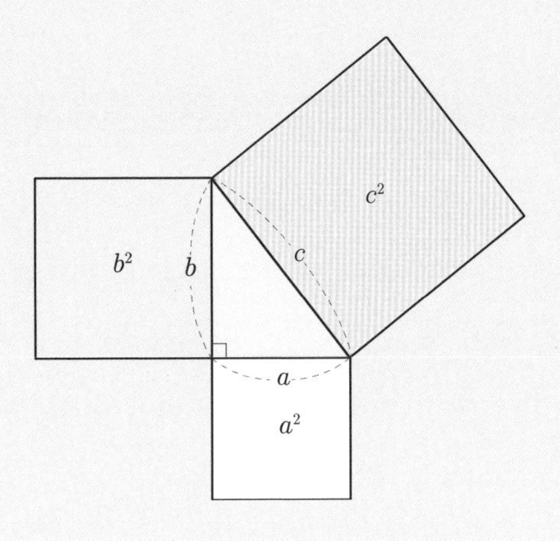

수로 모든 만물을 설명할 수 있다고 믿었던 피타고라스

피타고라스의 정리로 유명한 피타고라스는 모든 만물을 수로 설명할 수 있다고 믿은, 수를 사랑한 수학자이자 철학자이다.

피타고라스에 대한 기록을 살펴보면 산술과 음악에 재능이 뛰어났으며 수학자 탈레스의 제자로 수학, 천문학, 철학을 공부했다.

피타고라스에 대해 전해지는 이야기는 많다. 그중에는 무명이었던 피타고라스에게 배우려고 하는 학생이 한 명도 없자 피타고라스는 한 아이에게 매일 돈을 주는 조건으로 수업을 받도록 했다.

하지만 곧 돈이 바닥난 피타고라스가 더 이상 그 아이에게 줄 돈이 없다고 하자 이번에는 아이가 피타고라스에게 수업료를 지불하고 계속 수업을 들었다고 한다.

이런 과정을 거쳐 당대 최고의 학자로 명성을 떨치게 된 피타고라스는 피타고라스학파를 설립하게 된다.

피타고라스학파는 청강생으로 5년 동안 지내면서 철학과 종교 수업을 들으면 수학자 그룹에 들어갈 자격이 주어지는데 여기에서 수를 연구하는 사람을 의미하는 수학자라는 어원이 나왔다.

피타고라스학파는 사람은 죽으면 환생한다고 믿었기 때문에 채식을 했으며 여성의 교육과 참여를 허용했고 콩과 수탉을 완전함의 상징으로 여겨 먹는 것을 금지했다.

피타고라스학파에서는 완전함의 상징인 콩과 수닭의 식용을 금지했다.

또 피타고라스학파의 회원들이 발견한 것은 모두 피타고라스학파의 이름으로 공개하고 그 과정은 기록하지 않았다.

그들에게 1은 모든 수의 본질, 2는 여성과 의견이 다름, 3은 남성과 의견이 일치함, 4는 평등, 정의, 공정함을 상징했으며 5는 여성과 남성의 수인 2와 3의 합이므로 결혼을 의미한다고 보았다.

2와 10 사이의 수 중 그 어떤 수로도 나누어지거나 곱해지지 않는 7은 마법의 수이며 1부터 4까지의 수를 합한 10은 모든 물질을 합한 수이므로 신성한 수라고 생각했다.

수를 모든 것의 근원이라고 생각했던 피타고라스는 수와 도형 사이의 관계를 정리해 도형수를 정의하고, 약수의 합을 이용해 친화수, 완전수, 초월수, 부족수를 연구했다.

도형수 정다각형 모양을 이루는 점의 개수 (정삼각형을 이루는 점의 개수는 삼각수, 정사각형 모양을 이루는 점의 개수는 사각수이다).

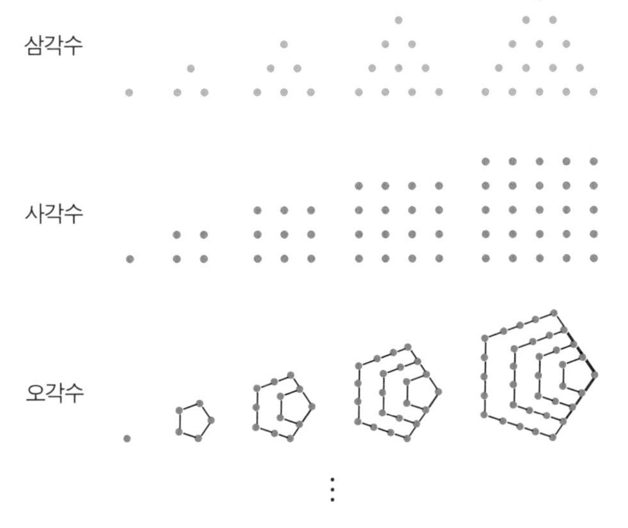

친화수 자신을 제외한 약수의 합이 나머지 수가 되는 두 수. 친구수로도 불린다.

(친화수의 예로는 (220, 284), (1184, 1210), (2620, 2924), (5020, 5564), (6232, 6368), … 등이 있다.)

완전수 자신 이외의 약수의 합이 자신과 같은 수(알려진 완전수는 모두 삼각수이다).

$p_1=6 \quad =1+2+3$

$p_2=28 \ =1+2+4+7+14$

$p_3=496=1+2+4+8+16+31+62+124+248$

⋮

$p_6=2^{16}(2^{17}-1)=8{,}589{,}869{,}056$

⋮

초월수 대수학을 초월하여 존재하는 수(대표적인 초월수로는 π, e 등이 있다).

부족수 자신 이외의 약수의 합이 자신보다 작은 수.
(예를 들면 1, 2, 3, 4, 5, 7, 8, 9, 10, 11, 13, 14, 15, 16, 17, 19, … 등이 있다).

과잉수 자신 이외의 약수의 합이 자신보다 큰 수.
(예를 들면 12, 18, 20, 24, 30, 36, 40, 42, 48, 54, 56, 60, 66, 70, 72, 78, 80, 84, 88, 90, 96, 100, … 등이 있다)

이와 같은 수의 분류는 수론에 대한 체계적인 최초의 연구였다.

음악에도 조예가 깊었던 피타고라스는 정수의 비를 이용해 음악의 조화를 설명했으며 행성과 태양에 대한 천문학적 연구에도 음악을 적용하는 이론을 제안했다.

지구와 7개의 행성 간의 거리는 7개의 음계가 나타내는 비율과 같으며 우주는 여러 개의 현을 가진 거대한 현악기라고 보고 소리로 우주의 질서와 조화를 증명할 수 있다고 믿었다.

훗날 과학자들은 피타고라스의 이러한 이론이 단지 자기장의 잡음에 지나지 않는다는 것을 밝혀냈지만 당시 사람들은 피타고라스의 주장을 믿었다.

피타고라스는 월식이 일어나는 동안 달에 비친 지구의 그림자를 통해 지구가 구인 것도 알아내는 등 천문학적 연구에도 업적을 남겼다.

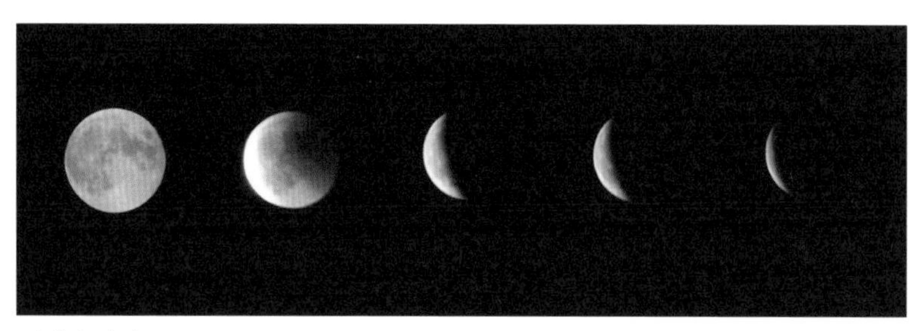

월식의 과정.

하지만 피타고라스의 이름을 가장 유명하게 한 것은 피타고라스의 정리다.

피타고라스의 정리

피타고라스의 정리는 고대 그리스의 피타고라스가 처음으로 증명했다고 하여 '피타고라스 정리'라고 하며 이미 이집트를 비롯해 고대 수학에서 사용했던 공식이었다.

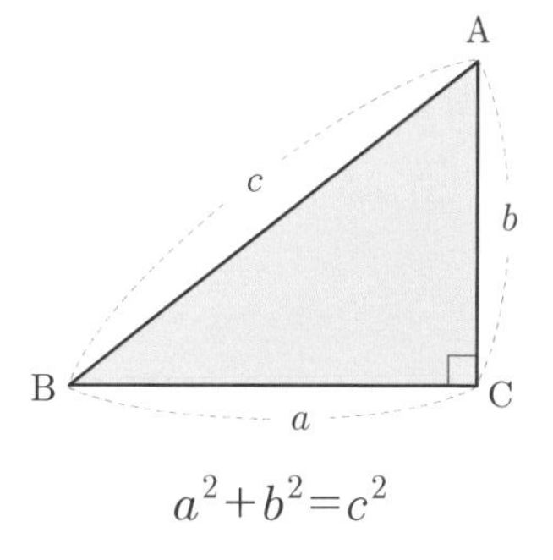

아이러니하게도 피타고라스는 이 정리를 통해 무리수를 발견해 유리수만을 진리로 여기던 피타고라스학파를 혼란에 빠뜨렸다. 결국 피타고라스와 피타고라스학파는 유리수로만 이루어진 세상에 무리수는 존재할 수 없으므로 무리수를 신의 실수로 여기고 없는 수로 취급하기로 했다.

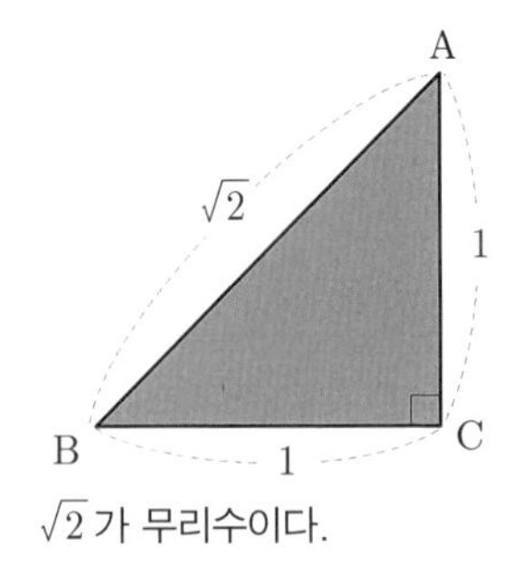

$\sqrt{2}$가 무리수이다.

하지만 무리수의 존재를 숨길 수 없었던 제자 히파수스가 세상에 무리수를 알리려고 하자 다른 제자들이 히파수스를 바다에 던져 수장시켰다는 이야기도 떠돈다.

피타고라스의 정리는 아마추어 수학자를 비롯해 수학에 흥미를 가진 수많은 수학자들의 연구 결과 현재 증명법만 400여 가지나 된다.

피타고라스의 정리를 증명한 것만 모은 책도 있다.

피타고라스의 정리에 대한 대표적인 증명법에 사용된 도형을 몇 가지만 소개하면 다음과 같다.

· 유클리드의 증명에 사용한 도형

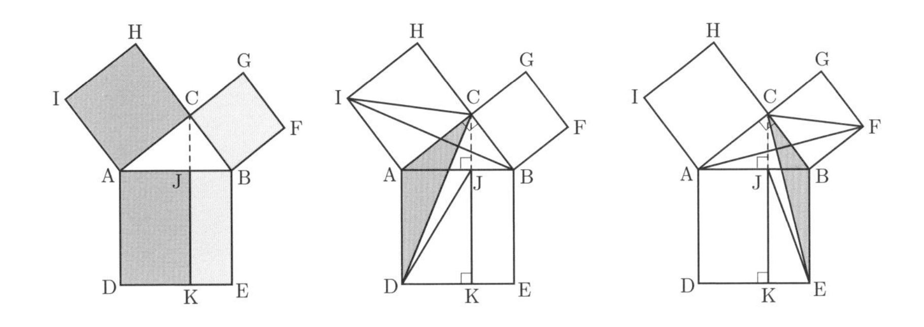

· 페리갈의 증명에 사용한 도형

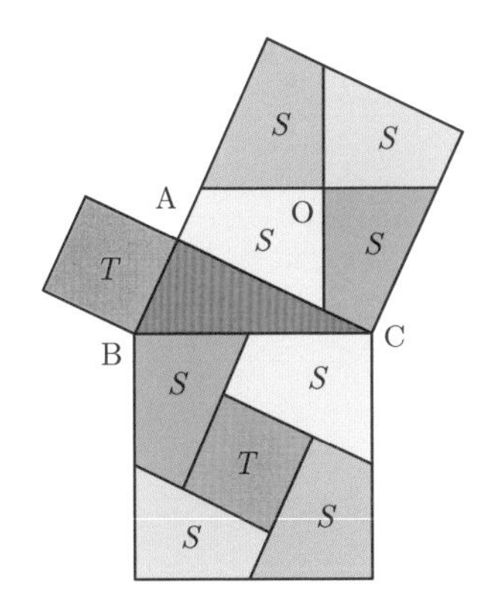

· 바스카라의 증명에 사용한 도형

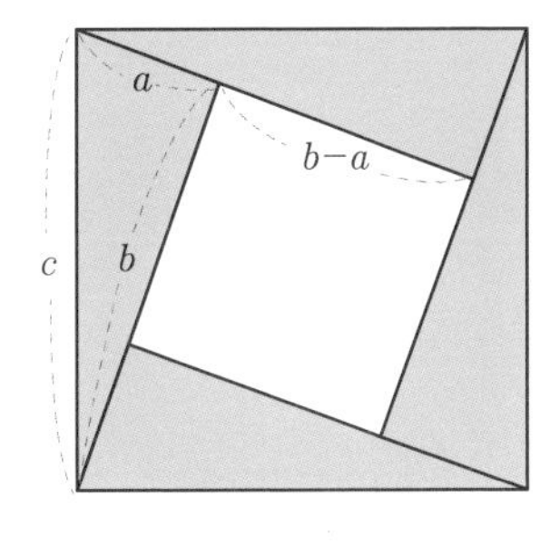

· 호킨스의 증명에 사용한 도형

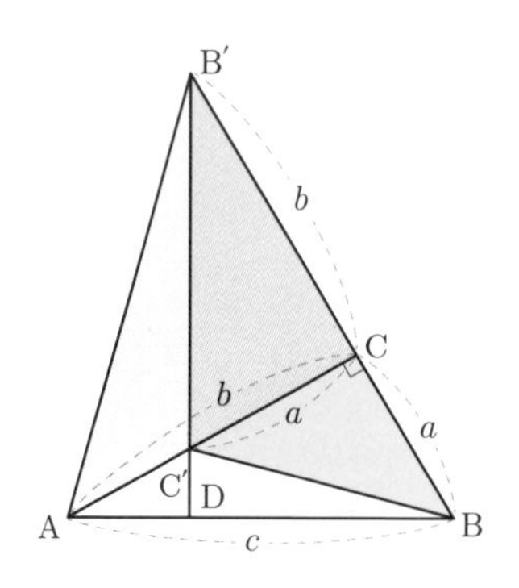

· 미국의 20대 대통령 가필드의 증명에 사용한 도형

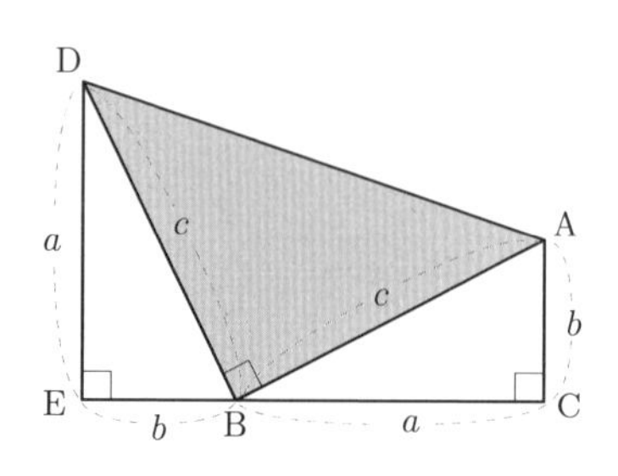

· 아인슈타인의 증명에 사용한 도형

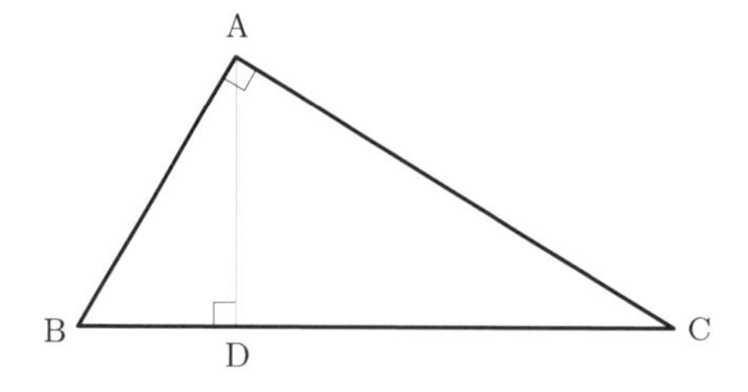

피타고라스의 업적으로 또 한 가지 손꼽을 만한 것으로는 당시 고대 그리스에 이미 알려져 있던 정사면체와 정육면체, 정십이면체의 3개의 정다면체 외에 정팔면체와 정이십면체를 발견한 것을 들 수 있다.

피타고라스는 정다면체는 이 5가지만 존재한다는 것을 증명했다. 그리고 이 발견은 기하학의 발전에 아주 중요한 역할을 했다.

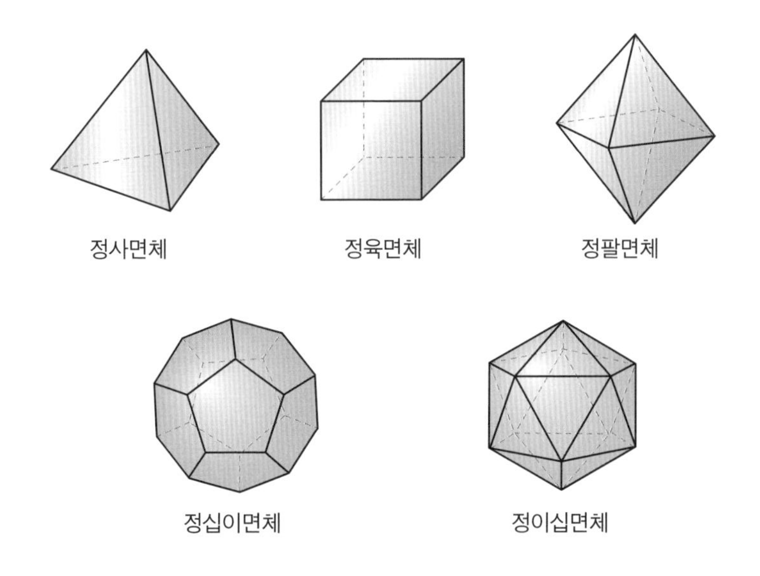

피타고라스는 정다면체가 5개뿐이라는 것을 증명했다.

누구보다 수를 사랑하고 연구했던 피타고라스의 사망에 대해서는 여러 설들이 전해진다.

피타고라스의 제자들은 그의 사망 후에도 연구를 계속해 연립 방정식의 해법과 소수의 성질을 발견하고, 황금비의 개념에서 비율 이론을 확립시켰으며 포물선, 타원, 쌍곡선의 어원도 이들의 연구에서 나왔다.

이런 일들은 피타고라스의 사망 후 300여 년 동안 지속되어 제자들이 발견한 수학적 이론이 모두 피타고라스의 이름으로 발표되었기 때문에 피타고라스의 이름으로 발표된 학문적 업적이 모두 피타고라스의 것인지에 대해서는 의견이 분분하다.

피타고라스의 수학적 업적들은 지금도 인류에게 영향을 미치고 있다. 모든 비율 중 가장 아름답다는 황금비율도 피타고라스의 오각별의 분할에서 그 개념을 찾아볼 수 있다.

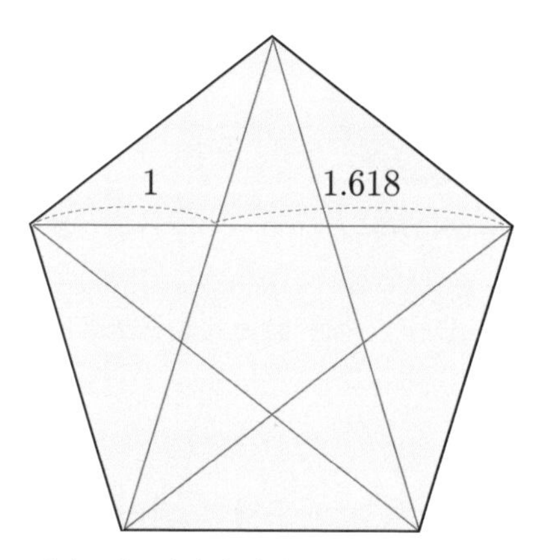

피타고라스학파의 상징인 오각형 안의 별.
황금비율을 확인할 수 있다.

라파엘로 산치오의 〈아테네 학당〉(1511년, 바티칸 미술관)
에피쿠로스, 이븐 루시드, 피타고라스, 파르메니데스, 소크라테스, 알렉산드로스 3세, 프톨레마이오스, 플라톤, 아리스토텔레스 등이 묘사되어 있다.

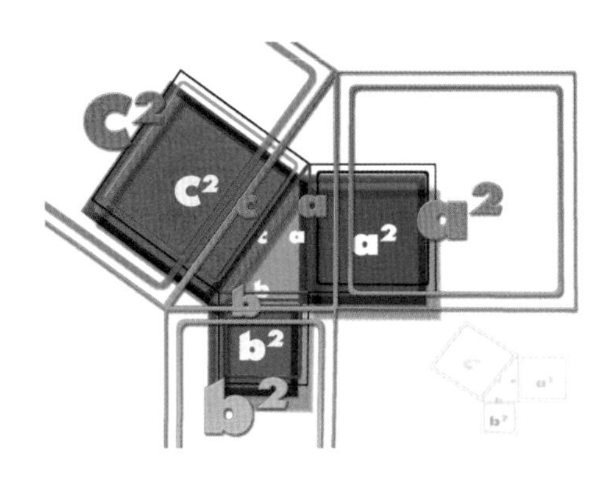

03

아리스토텔레스

삼단논법의 규칙을 정하고

형식논리학의 체계를 갖춘

철학자이자 수학자 그리고 과학자.

아리스토텔레스가 논리적으로 설명하기 위해 사용한 삼단논법의 일반적인 형식은 다음과 같다.

모든 x는 y다.

모든 y는 z다.

그러므로 모든 x는 z다.

소크라테스는 사람이다.

모든 사람은 죽는다.

그러므로 소크라테스는 죽는다.

삼단논법의 개발자
아리스토텔레스

고대 그리스의 철학자 아리스토텔레스는 플라톤의 제자였다. 그는 17살에 플라톤 학파에 들어가 20여 년을 플라톤 아카데미에 있었다. 그가 개발한 논증 방식인 삼단논법은 수학의 분야인 논리학의 기본 개념으로 활용한다.

그는 대전제와 소전제라는 두 개의 전제를 정해 논리 규칙에 따라 도출된 결론을 내놨다.

다음의 예는 전통적인 삼단논법의 형식이다.

모든 비둘기는 새다.

새는 날 수 있다.

그러므로 비둘기는 날 수 있다.

이와 같은 논리학은 2000년 이상 서구 문화권의 사고를 지배했다.

흔히 수학은 논리적 사고력을 키워준다고 하는데 삼단논법을 이용한 논리학의 발전이 수학 분야에 미친 영향을 역사적으로 살펴보면 논리가 수학에서 얼마나 강력한 도구였는지를 알게 될 것이다.

존 벤.

뿐만 아니라 아리스토텔레스의 삼단논법은 영국의 논리학자인 존 벤John Venn에게 영향을 주었다. 존 벤은 삼단논법을 분석하기 위해 벤다이어그램을 개발했다.

존 벤은 저서 《기호 논리학》에서 벤다이어그램을 설명했는데 이는 집합 사이의 관계를 이해하는 데 매우 유용하다. 교집합, 합집합, 합집합의 여집합, 어떤 집합의 여집합 등을 한눈에 확인할 수 있다.

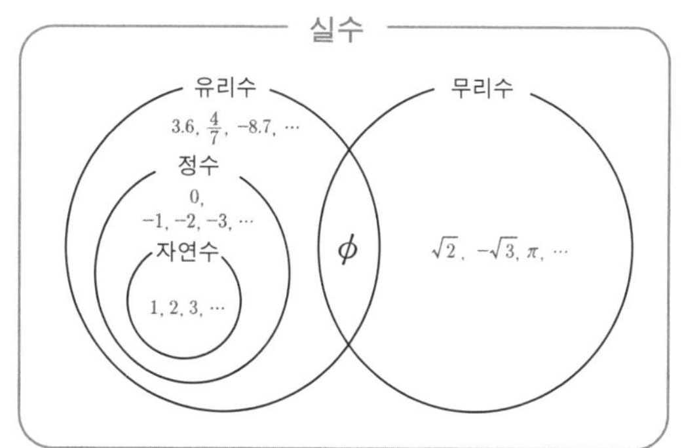

벤다이어그램의 다양한 예.

이밖에도 아리스토텔레스는 기후 현상을 자연철학적으로 설명하고자 시도했으며 기상학 최초의 저서로 꼽히는 아리스토텔레스의 저서 《기상학》에서 기상학이라는 용어가 나왔다.

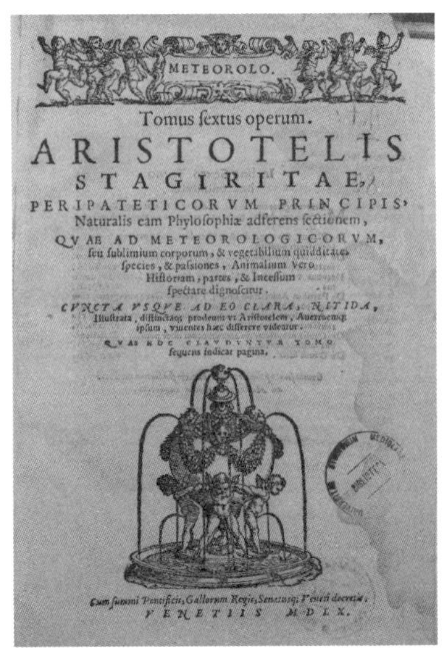
METEOROLO.
Tomus ſextus operum.
ARISTOTELIS
STAGIRITAE,
PERIPATETICORVM PRINCIPIS,
Naturalis eam Phyloſophiæ adferens ſectionem,
QVAE AD METEOROLOGICORVM,
ſeu ſublimium corporum, & vegetabilium quidditates,
ſpecies, & paſsiones, Animalium vero
Hiſtoriam, partes, & Inceſſum
ſpectare dignoſcitur.
CVNCTA VSQVE AD EO CLARA, NITIDA,
Illuſtrata, diſtinctaq; prodeunt vt Ariſtotelem, Auerroemq;
ipſum, viuentes hæc differere videatur.
QVAE HOC CLAVDVNTVR TOMO
ſequens indicat pagina.
Cum ſummi Pontificis, Gallorum Regis, Senatusq; Veneti decretis.
VENETIIS MDLX.

아리스토텔레스의 저서 《기상학》.

백과사전 형식으로 저술된 기상학은 아리스토텔레스의 경험과 관찰에서 나온 화산, 지진, 물의 증발 등 자연현상에 대한 여러 정보들이 담겨 있으며 이를 설명하기 위해 물리학, 지리학, 지질학적 관점도 담겼다.

아리스토텔레스의 《기상학》은 중세 시대까지 기상학 교과서로 활용되었으며 오랜 경험과 관찰이 돋보이는 이 책은 그 정확성과 가치가 인정되어 그 시대의 연구에 중요한 자료로 꼽힌다.

04

유클리드

인류 최초의 알고리즘인

유클리드 호제법Euclidean algorithm 발견과

인류 최초의 수학 교과서 《기하학 원론》의 저자.

유클리드 기하학

유클리드 기하학은 수많은 수학자들의 연구 대상이자 비유클리드 기하학 등 새로운 수학 분야를 발전시킨 인류의 재산이다.

THE ELEMENTS
OF GEOMETRIE
of the most aunci-
ent Philosopher
EVCLIDE
of Megara.

Faithfully (now first) tran-
slated into the Englishe toung, by
H. Billingsley, Citizen of London.

With a very fruitfull Preface made by M. I. Dee,

Imprinted at London by Iohn Daye.

유클리드의《기하학 원론》표지 이미지.

인류 최초의 수학 교과서 《기하학 원론》의 저자 유클리드

유클리드는 기원전 300년경 활동했던 그리스의 수학자로, 총 13권으로 구성된 그의 저서 《기하학 원론》은 인류 최초의 수학 교과서이자 2000여 년 동안 기하 교육과 근대 유럽 전의 수학의 근간을 이루고 있다. 뿐만 아니라 지금도 수학 연구에 영향력을 발휘하고 있다.

《기하학 원론》은 23개의 정의와 5개의 공준, 5개의 공리를 바탕으로 수많은 정리들과 성질들을 증명하고 있는데 이 안에는 피타고라스의 정리에 대한 증명도 있다.

정의는 점과 선, 원 등의 수학적 의미를 규정한 것을 말하며 공준은 기하에 대한 기본 개념들을 말하며 공리는 증명을 필요로 하지 않거나 증명할 수 없지만 진리의 명제인 동시에 다른

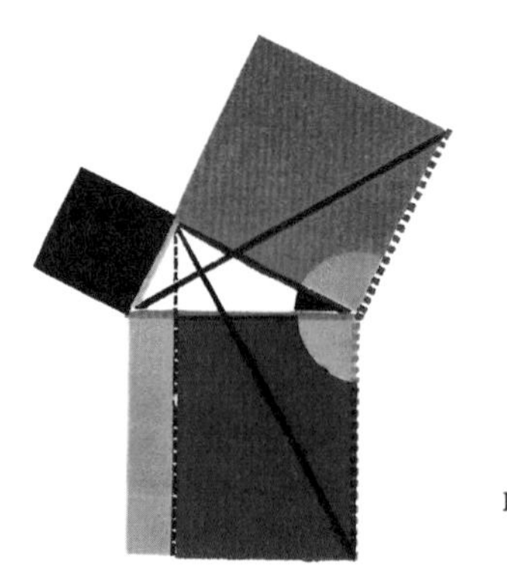

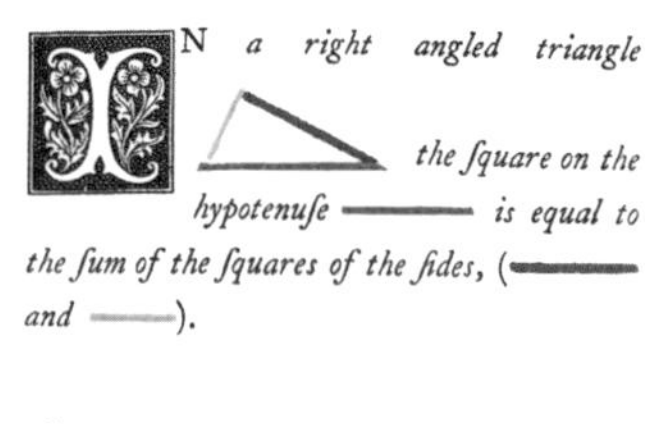

On , and
deſcribe ſquares, (pr. 46.)

Draw || (pr. 31.)
alſo draw and .

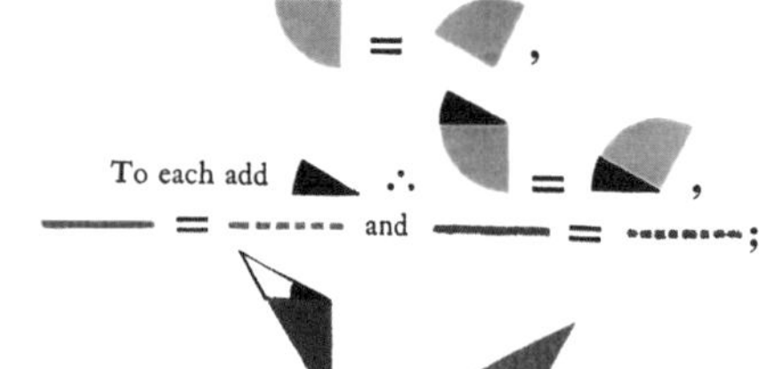

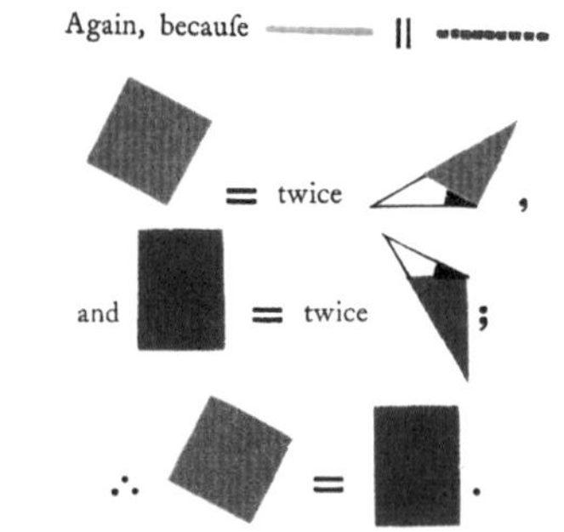

In the ſame manner it may be ſhown

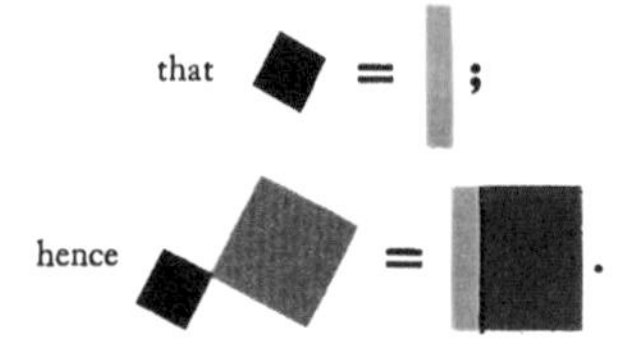

Q. E. D.

1847년 올리버 번(Oliver Byrne)이 발간한 유클리드의 피타고라스 정리 증명 과정.

명제들의 전제가 되는 명제를 말한다.

유클리드에 대해 알려진 사실은 그리 많지 않지만 알렉산드리아의 유클리드로 알려져 있는 것에서 확인해볼 수 있듯 알렉산드리아에서 프톨레마이오스 1세를 가르쳤으며 알렉산드리아 박물관 소속 학자로 전해진다.

유클리드는 수학이 실용적인 학문이며 건설, 사업 등에 유용하지만 수학의 진정한 가치는 사고력 개발에 있다고 보았다. 그래서 수학을 공부하는 사람은 사고력과 논리력을 키울 수 있어 감정 대신 이성적 사고를 하는 현명함을 갖게 된다고 믿었다.

그런 그에게 제자가 수학을 배워서 쓸 곳이 있느냐고 질문하자 유클리드는 동전 한 닢을 그 제자에게 주었다고 한다.

유클리드의 공준 중 평행선 공준은 수세기 동안 수많은 수학자들이 증명하고자 했던 이론이지만 19세기에 증명될 수 없음이 밝혀지면서 비유클리드 기하학이 탄생했다.

이는 유클리드 기하학의 절대 권위를 상징하는 평행선 공준을 부정해 평행선이 없다는 기하학과 평행선이 무한히 많다는 개념의 기하학을 말한다.

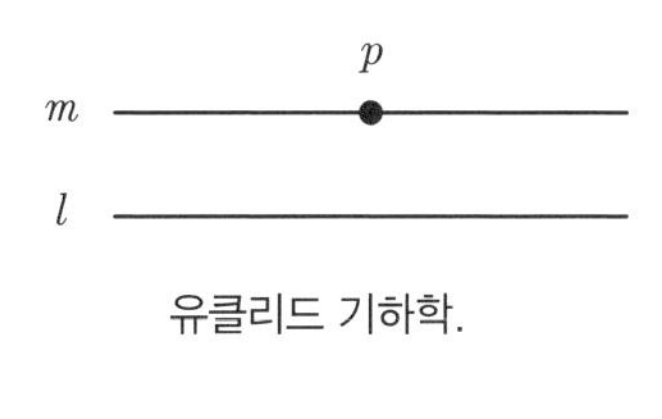

유클리드 기하학.

보여이 야노시Bolyai János는 비유클리드 기하학의 창안자이다. 니콜라이 로바쳅스키Nikolai Lobachevskii의 쌍곡 기하학hyperbolic geometry과 이를 일부 수정한 리만 기하학(타원 기하학)을 합해 비유클리드 기하학이라고 한다.

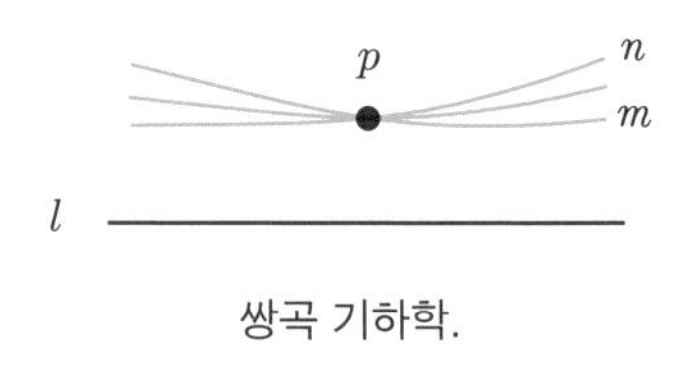

쌍곡 기하학.

비유클리드 기하학의 예

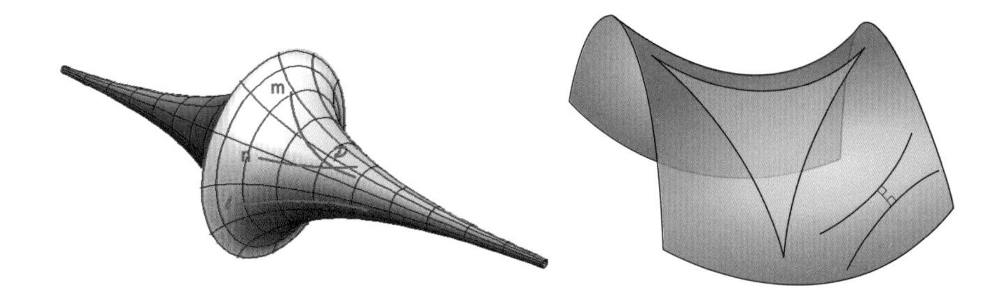

쌍곡 기하학: 오른쪽 그림에서 안장 모양에 그린 삼각형의 내각의 합이 180° 보다 작다.

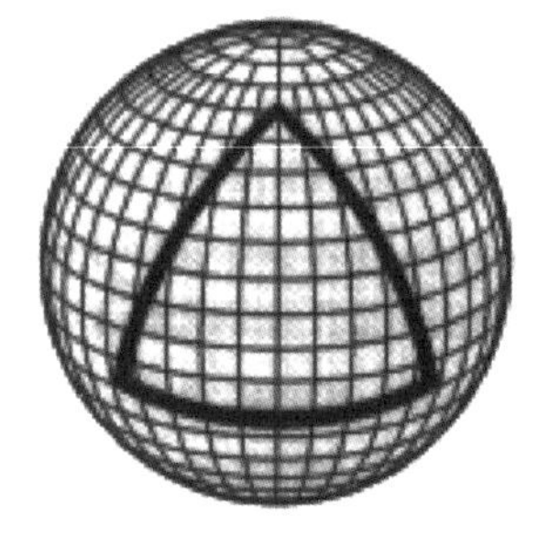

리만 기하학: 구면에서 삼각형의 내각의 합은 180° 보다 크다.

유클리드의 《기하학 원론》 원본 중 일부.

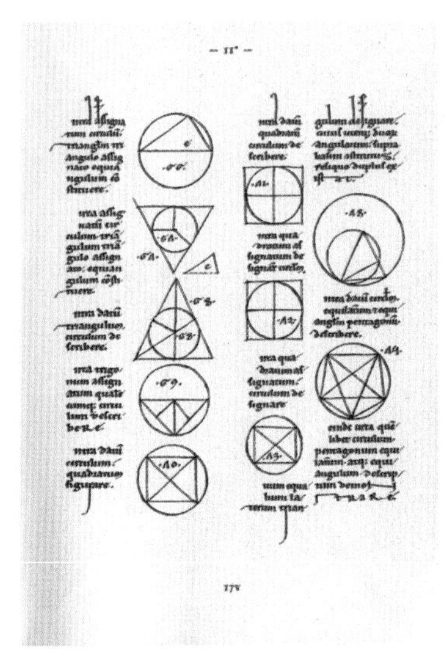

유클리드 《기하학 원론》 중 일부.

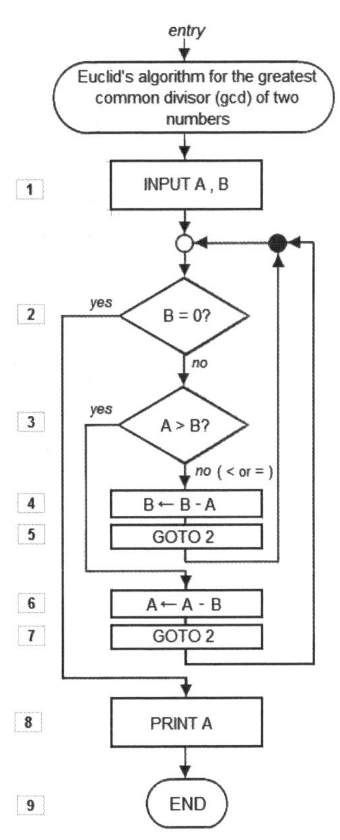

유클리드 호제법 알고리즘의 응용 예.

05

아르키메데스

가우스, 뉴턴과 함께 3대 수학자로 꼽히는

고대 그리스의 수학자.

처음으로 π의 근삿값을 계산하고 지렛대의 법칙 발견.

원을 사랑한 아르키메데스는 묘비에 다음과 같은 도형을 새겨달라고 부탁했다.

원뿔의 부피 : 구의 부피 : 원기둥의 부피 $= 1 : 2 : 3$

세계 3대 수학자로 손꼽는
천재 수학자 아르키메데스

시칠리아의 섬 시라쿠사에서 태어난 아르키메데스는 천문학자였던 아버지의 영향을 받아 천문학과 수학에 관심을 갖게 되었다.

그중에서도 기하학에 관심이 많았던 아르키메데스는 원과 원기둥, 원뿔을 비롯해 입체도형의 성질을 연구했으며 로마군과 싸우는 시라쿠사를 위해 전쟁무기를 개발하기도 했다. 그중에는 배를 공격할 수 있는 투석기, 적군의 배를 들어 올릴 수 있는 기중기, 적의 배를 태울 수 있는 볼록렌즈 등이 있으며 농사에 도움이 되는 농기계를 발명하기도 했다.

또 시라쿠사 왕을 위해 왕관이 순금으로만 만들어진 것인지 은을 섞어 왕을 속인 것인지에 대해 연구하다가 부력의 원리를

아르키메데스가 볼록렌즈를 사용해 적의 배를 불태우는 모습을 그린 삽화.

아르키메데스는 목욕탕에 들어갔다가 물이 넘치는 것을 보고 왕관이 순금으로 만들어졌는지 은이 섞인 것인지 확인할 수 있는 방법을 발견했다.

발견하기도 했다. 이 유명한 일화는 당시 아르키메데스가 외쳤다는 유레카란 말과 함께 전해지고 있다.

아르키메데스가 가우스, 뉴턴과 함께 세계 3대 수학자로 꼽히며 뉴턴, 아인슈타인의 시대에 살았다면 인류의 역사는 달라졌을 거라는 평가를 받는 이유는 그의 업적을 살펴보면 알 수 있다.

아르키메데스의 죽음을 묘사한 작품. 그가 가장 사랑했던 원에 대한 연구 중 시라쿠사 섬을 처들어온 병사의 칼에 사망했다는 설이 유력하다.

아르키메데스의 중요 업적

그는 2000여 년 전에 지금과 같은 수학 체계가 잡혀 있지 않은 그 시대에 실진법(에우독소스의 보조 정리를 이용한 고대 그리스의 넓이를 구하는 방법인데 삼각형이나 사각형과 같은 이미 넓이 구하는 방법을 아는 도형을 이용해 구하고 싶은 도형의 면적을 메우는 방식으로, 오늘날의 미적분학에 중요한 기초가 되었다)을 사용해 적분 계산을 했다.

또한 무게가 다른 두 물체의 균형을 맞추는 지렛대의 법칙을 발견했으며 이를 토대로 삼각형, 평행사변형, 사다리꼴의 무게 중심을 찾아냈다.

자신의 고향 시라쿠사를 사랑하고 아꼈던 아르키메데스는 외부로부터 자주 침입을 당하던 시라쿠사를 위해 많은 무기들을 연구하고 개발했다. 그와 시라쿠사 왕 사이에는 많은 에피소드가 있는데 그중에는 지구를 들어올리는 문제에 관한 것도 있다.

당시 시라쿠사의 왕은 아르키메데스에게 해변가 모래 위에 있는, 군인이 가득한 군함을 바다에 띄울 수 있겠냐고 질문을 한다. 그러자 아르키메데스는 지렛대와 받침대를 이용해 쉽게 군함을 바다 위로 띄운다. 그런 뒤 시라쿠사 왕에게 말한다.

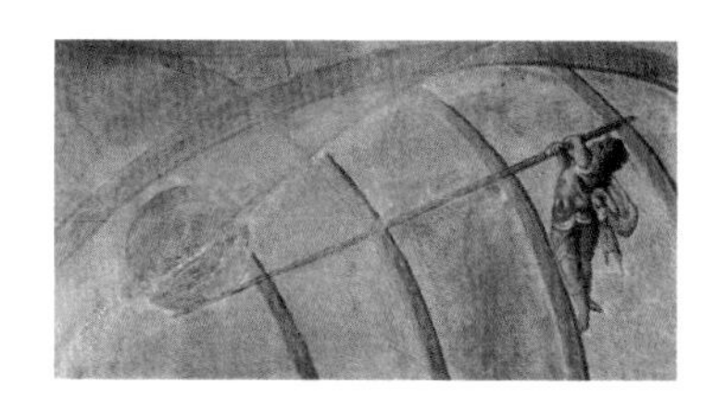

지구를 들어올릴 수 있는 길이의 지렛대와 받침대를 준다면 지구도 들어올리겠노라고.

아르키메데스가 지렛대의 법칙을 발견한 에피소드이다.

3.14라는 원주율의 값을 처음으로 정의 내려 원의 둘레와 넓이를 구한 것도 아르키메데스이다.

당시 농경사회였던 고대 그리스에서는 원의 둘레와 넓이를 구하는 것은 매우 중요한 문제였다. 토지 거래나 태양과 달, 날씨 등 천문학 분야에도 관계되기 때문이다.

그리고 그의 수학적 발견들은 여전히 우리에게 유용한 것들이 많다.

그런데 2000여 년이 지난 지금도 수많은 위대한 수학자들 중 3대 수학자로 아르키메데스를 꼽는 이유는 무엇 때문일까?

토지의 넓이를 구할 수 있게 되면서 토지 거래를 하는데 더 원활해진 것 때문만은 아니다.

사실 우리는 원의 넓이와 둘레를 구할 수 있게 되면서 수많은 것들이 가능해졌다.

당장 아르키메데스가 발견한 π값 즉 원주율은 땅의 넓이, 둘레를 비롯해 별의 크기와 움직이는 거리를 파악할 때도 사용하지만 현대사회에서 그 필요성은 더 커지고 있다. 현대를 살아가는 우리의 생활에서 없어서는 안 될 인공위성을 띄우고 우주로

쏘아 올리는 로켓의 궤도 연구에도 이 원주율을 활용한다. 그리고 포탄의 발사 목표 지점 등을 계산하는 등 전쟁에서도 적극 활용된다.

π값은 수학, 물리학, 천문학, 공학 등 다양한 분야에서 이용되고 있다.

현재 원주율 즉 π값은 소수점 이하를 2019년 3월 14일 π의 날에 구글 클라우드가 31조 4000억 자리까지 구해 기네스북에 등재된 상

3.141592653589793238462643383279502
88419716939937510582097494459230781
64062862089986280348253421170679821
48086513282306647093844609550582231
72535940812848111745028410270193852
11055596446229489549303819644288109
75665933446128475648233786783165271
20190914564856692346034861045432664
82133936072602491412737245870066063
15588174881520920962829254091715364
36789259036001133053054882046652138
41469519415116094330572703657595919
53092186117381932611793105118548074
46237996274956735188575272489122793

인류는 언제까지 π값을 구하고 있을까?

태다.

π값의 자릿수를 이렇게 구하는 이유는 정확한 값을 구할수록 통계학, 전자기학, 천문학 등 다양한 분야의 학문에서 더 정확한 연구를 할 수 있기 때문이다.

π값이 이용되는 범위는 갈수록 넓어지고 있다. 과거의 수학이 미래를 움직이고 있는 것이다.

그리고 컴퓨터의 성능을 판단하고 싶다면 π값을 소수 몇째 자리까지 정확하게 계산하는지와 걸리는 시간을 보면 된다고 한다.

이런 π값을 아르키메데스는 계산기도 컴퓨터도 없던 기원전 시대에 정다각형을 이용해 알아냈던 것이다.

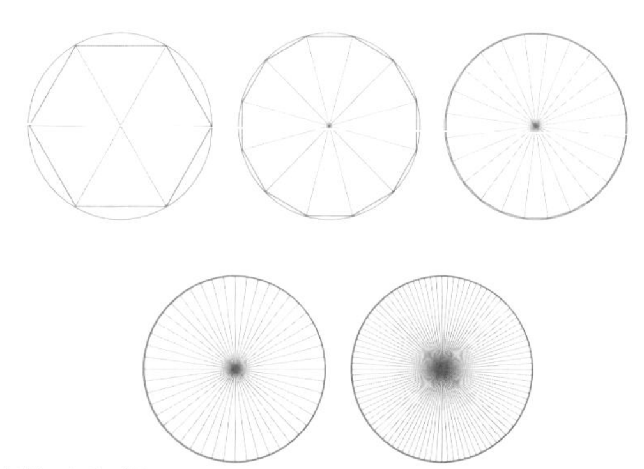

정육각형	⇨	3	<	원주율	<	3.4641
정십이각형	⇨	3.10538	<	원주율	<	3.21539
정이십사각형	⇨	3.13262	<	원주율	<	3.15966
정사십팔각형	⇨	3.13935	<	원주율	<	3.14690
정구십육각형	⇨	3.14103	<	원주율	<	3.14271

원의 넓이를 알 수 있게 된 것도 우리 삶이 비약적으로 발전하는 데 큰 공헌을 했다.

건축물을 지을 때 어떤 재료가 얼마나 필요할지 계산하기 위해서 활용되는 것이 미적분학이다.

그리고 그 시작은 아르키메데스가 원의 넓이를 구하는 방식에서 나온 것이다.

아르키메데스의 원의 넓이 구하는 방식을 보면 왜 미적분학의 시작이 되는지 이해할 수 있을 것이다.

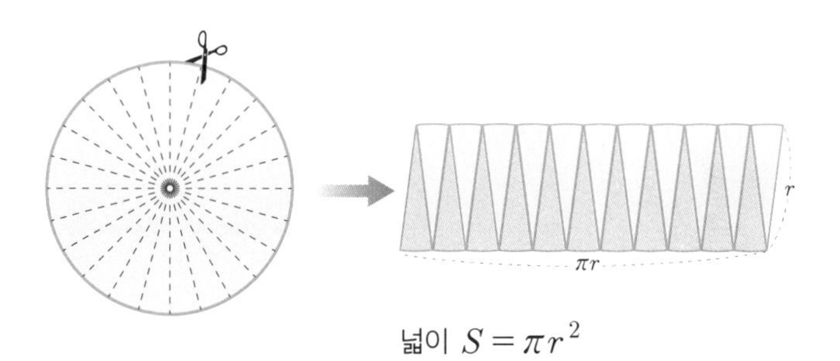

넓이 $S = \pi r^2$

아르키메데스는 귀류법을 이용해 이와 같은 방법으로 원의 넓이를 구하는 것이 참임을 증명해냈다.

원의 넓이를 구할 수 있게 되자 아르키메데스는 구의 겉넓이가 구의 중심을 지나는 원의 4배임을 역시 귀류법으로 증명했다. 그리고 지금까지의 수학적 지식들을 바탕으로 구의 부피 또한 구할 수 있었다.

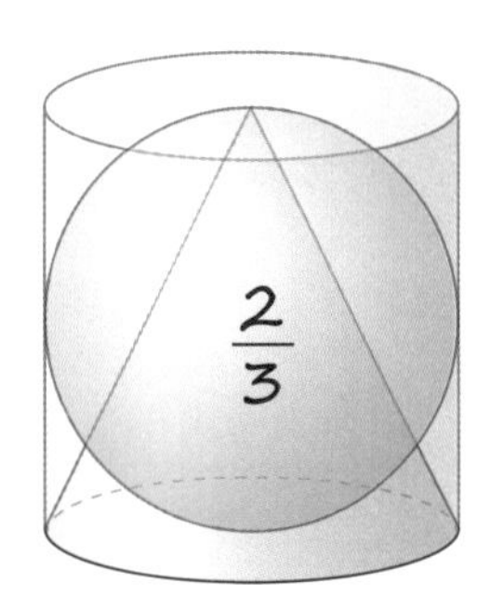

아르키메데스는 원기둥의 부피의 $\frac{1}{3}$이 원뿔의 부피이고 이 원뿔의 부피의 4배가 구의 부피라는 수학적 발견이 자랑스러워 묘비에 자신의 발견을 새겨주길 원했다고 한다.

아르키메데스의 수학적 업적에는 아르키메데스의 다면체로 불리는 13개의 다면체도 있다.

준정다면체 2개와 반정다면체인 깎은 정다면체 5개, 부풀린 정다면체 2개, 다듬은 정다면체 2개, 깎은 준정다면체 2개이다.

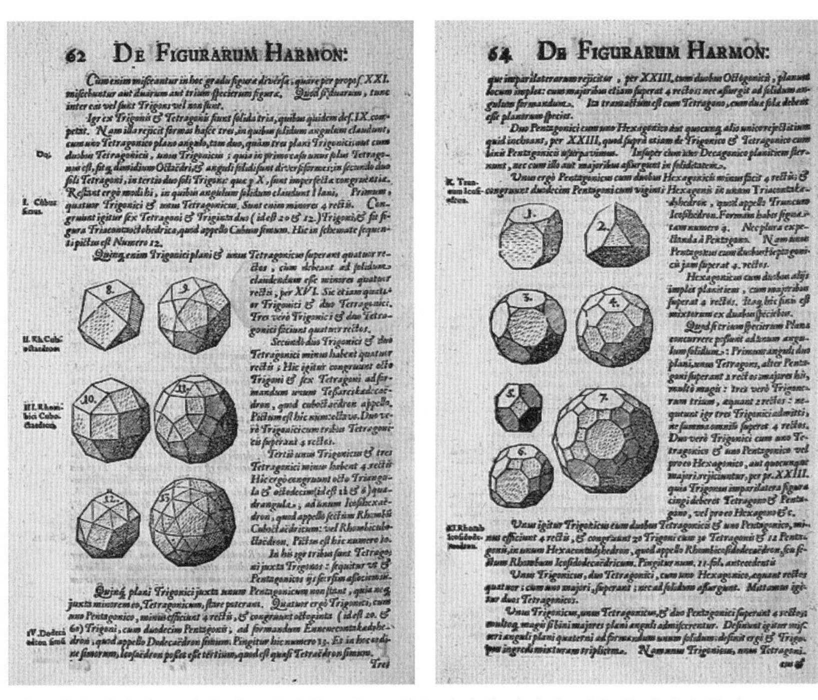

62 DE FIGURARUM HARMON:

64 DE FIGURARUM HARMON:

케플러의 저서에 소개된 아르키메데스의 13개의 다면체 이미지. 번호가 매겨져 있다.

이는 현재 건축물에도 적용하며 대표적인 건축물로는 지오데식돔 등이 있다.

지오데식돔 건물들. 지진 등에도 안전해 건축 분야에서 다양한 형태로 활용하고 있다.

06

디오판토스

대수학의 아버지.

문제 풀이에 미지수를 도입한 최초의 수학자.

톡톡 포인트

디오판토스의 무덤에는 다음과 같은 글이 쓰여 있다.
디오판토스가 사망했을 당시의 나이는 몇 살이었을까?

이 묘지에 디오판토스가 잠들다.
신의 축복으로 태어난 그는
인생의 $\frac{1}{6}$을 소년으로 살았고
그 뒤 인생의 $\frac{1}{12}$이 더해졌을 때
수염이 나기 시작했다.
다시 인생의 $\frac{1}{7}$이 지난 뒤
그는 아름다운 여인과 결혼했고
5년 만에 소중한 아들이 태어났다.
그러나 슬프게도 그의 아들은
아버지의 반밖에 살지 못했다.
아들을 먼저 보낸 그는 깊은 슬픔에 빠져
4년간 수학에 몰두하며 스스로를 위로하다가
생을 마감했다.

풀이와 답은 64쪽에 있습니다.

대수학의 아버지 디오판토스

아쉽게도 전권이 남아 있는 것은 아니지만 디오판토스의 업적은 13권으로 이루어진 그의 저서 《산학Arithmetica》에 잘 나타나 있다. 《산학》은 《산수론》으로도 불린다.

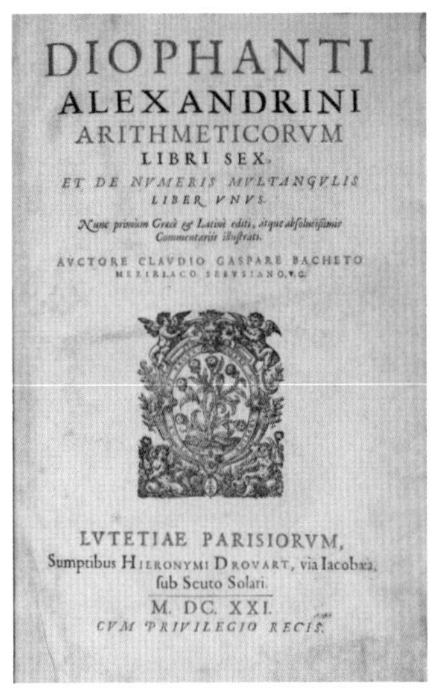

라틴어로 번역한 디오판토스의 《산학》 표지 1621년판.

세상에 드러난 흔적이 거의 보이지 않는 이 위대한 수학자는 미지수를 처음으로 문자화해 '어떤 수'라는 말 대신 사용함으로써 수학계에 일대 혁명을 가져

왔다.

당시의 고대 그리스에서는 수학 문제를 문장으로 표시했다. 그런데 디오판토스는 그리스 약어로 단순화시켜 빼기, 제곱, 세제곱을 표시함으로써 식의 형태를 갖추어 수학 계산을 빠르게 할 수 있는 발판을 마련한 것이다.

고대 그리스의 수학자 디오판토스가 대수학의 아버지로 인정받는 이유는 이처럼 대수적 표기법을 개발했기 때문이다.

디오판토스는 또 저서 《산학》에 오늘날 디오판토스의 방정식으로 불리는 여러 개의 변수가 있는 방정식을 소개했다.

x, y와 같은 2개 이상의 변수를 가진 방정식으로 나타낸 디오판토스 방정식은 정수해를 구하는 것으로, 디오판토스 방정식의 해는 없거나 있다면 유한개이거나 무한개이다. 그리고 몇몇 방정식의 해는 음수를 계산했는데 안타깝게도 그 답은 잘못된 것이었다.

이와 같은 대수방정식의 정수해를 구하는 방법을 뜻하는 용어가 디오판토스 해석이다.

디오판토스의 이와 같은 업적은 아라비아의 수학자들에게 전해져 아랍어로 번역되어 연구되다가 16세기가 되면서 다시 라틴어로 번역되어 유럽에 전해졌다. 이는 유럽 수학계에 대수적 발전을 이루는 계기를 마련했다.

그중 한 사람인 프랑스의 수학자 프랑수아 비에트는 대수적 표기법을 더 깊게 연구해 현재 우리가 쓰고 있는 체계가 갖추어지면서 현대 대수학의 아버지로 불리게 되었다.

프랑수아 비에트.

대수학이란 중고교에서 배우는 대수인 학교 대수와 1개 이상의 변수를 가진 다항방정식을 푸는 것으로 나눌 수 있는데 학교 대수는 산술이라고도 부른다.

하지만 수학자들은 군, 환, 불변량 이론처럼 수 체계와 그 체계 내에서의 연산에 대한 추상적 연구를 말할 때 대수학이란 용어를 사용하고 있다.

디오판토스의 나이를 구하는 방정식은 다음과 같다.

디오판토스의 나이$=x$

$$\frac{1}{6}x+\frac{1}{12}x+\frac{1}{7}x+5+\frac{1}{2}x+4=x$$

$$\frac{14}{84}x+\frac{7}{84}x+\frac{12}{84}x+\frac{42}{84}x-\frac{84}{84}x=-9$$

$$-\frac{9}{84}x=-9$$

$$x=84$$

$\therefore$ 84세

07

브라마굽타

수치해석의 아버지 브라마굽타.

최초로 음수와 0의 개념화

방정식 $ax^2+bx=c$의 한 근.

$x=\frac{\sqrt{4ac^2+b^2}-b}{2a}$ 임을 증명하면서 음수와 무리수도 해로 인정했다.

그리고 최초로 음수와 0을 개념화했다.

0과 음수의 발견자 브라마굽타

598년 인도의 바이샤 계급의 가문에서 태어난 브라마굽타는 천문학자이자 수학자로, 천문학, 산술, 대수, 기하, 수치해석학의 발전에 큰 공헌을 한 위대한 수학자이다.

그의 업적 중 가장 손꼽히는 것은 인도의 수 체계를 아라비아 세계에 알리는 중요한 역할을 했으며 음수와 숫자 0을 사용하기 시작한 것이다.

사실 음양오행론을 연구했던 동양이나 0보다 작은 수를 인식하고 있던 고대에선 음수의 존재가 이미 오래 전부터 알려져 있었다. 다만 실용적 수학을 추구하던 서양에서는 없는 존재를 나타내는 음수가 필요한 것은 아니었다.

음수의 중요성은 17세기 데카르트가 좌표를 사용하면서 입증

내 재산(양수)

남에게 빌린 재산(음수)

이 정도의 인식은 고대에도 있었다.

되었다.

뿐만 아니라 브라마굽타는 1년의 길이를 365일 6시간 5분 19초로 계산해냈는데 이는 실제 항성년의 길이인 365일 6시간 9분과는 약 3분 41초 차이밖에 나지 않는 매우 정확한 길이였다.

천문학자였던 브라마굽타는 천문학 문제를 해결하기 위해 대수적 방법을 연구했으며 이에 더해 이전의 학자들이 연구해온 천문학과 수학책에 자료들을 추가해 628년 《우주의 창조 *Brahma-sphuta-siddhanta*》를 펴냈다.

초판은 총 10개의 장으로 이루어진 천문학 도서였으며 기존의 천문학 책과 수학 자료들을 더해 14개의 장이 추가되었다.

수학자들의 연구에 자신의 연구를 더해서 발전시킨 브라마굽타는 재산(양수), 빚(음수), 수냐(0)의 개념을 도입해 임의의 수에 0을 더하거나 빼도 변하지 않으며 0을 곱하면 그 수는 0이 되고, 두 음수를 곱하면 양수가 되며 0에서 음수를 빼면 양수가 된다는 규칙을 소개했다.

이는 브라마굽타가 0과 음수를 발명한 것은 아닐지도 모르지만 산술 계산에 0과 음수를 더함으로써 수학사의 지평을 넓힌 역사적인 사건임은 틀림없다.

또한 0에 의한 나눗셈 규칙도 정하려고 했지만 12세기 인도의 수학자 바스카라 2세가 이는 오류임을 밝혀냈다.

7세기에 음수의 개념을 이해한 브라마굽타와 그의 저서는 인도 수학자들이 아라비아에 소개해 서양에도 전파되었다. 하지만 유럽 수학자들은 16세기가 되어서야 음수의 개념을 이해하게 되었다.

브라마굽타의 업적 중에는 원에 내접하는 사각형에 대한 세 가지 이론도 있다.

1. 브라마굽타의 공식으로 알려진 사각형의 넓이 구하는 공식은 다음과 같다.

$$S=\sqrt{(s-a)(s-b)(s-c)(s-d)}$$

$$\left(\text{여기서 } s=\frac{a+b+c+d}{2}\right)$$

2. 원에 내접하는 사각형의 두 대각선의 길이를 구하는 공식은 다음과 같다.

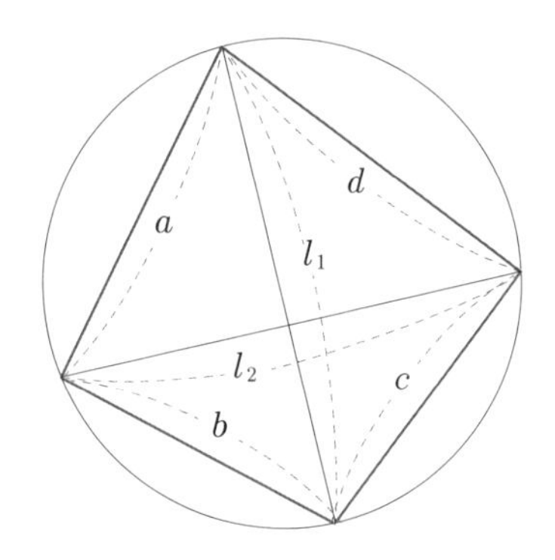

$$l_1=\frac{\sqrt{(ab+cd)(ac+bd)}}{ad+bc},$$

$$l_2=\frac{\sqrt{(ad+bc)(ac+bd)}}{ad+bc}$$

3. 브라마굽타의 정리로 알려진 다음 이론은 대각선이 서로 수직인 내접 사각형에 대한 정리로, 증명 없이 서술했다.

내접 사각형 ABCD에서, 두 대각선이 서로 직교할 때 생기는 점 E를 지나고 $\overline{AB}$에 수직인 선분은 대변 $\overline{CD}$를 이등분한다.

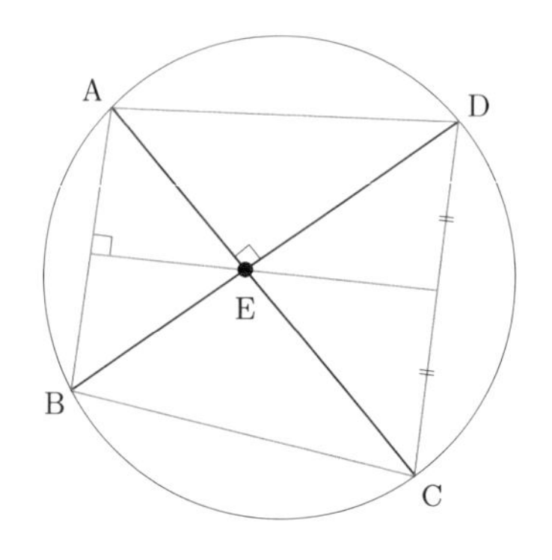

이밖에도 브라마굽타는 사인함수의 근사값을 계산해냈으며 일차부정방정식 $ax+c=by$의 일반해를 체계적으로 구하는 과정을 처음으로 제시했다. 또 행성 궤도의 주기를 알아내기 위해 무수히 많은 정수해를 갖는 부정방정식을 이용한 것도 브라마굽타이다.

그의 또 다른 저서 《브라마스푸타싯단타^Brāhmasphuṭasiddhānta^》와 《*Khandakhadyaka*》에도 그의 뛰어난 수학적 업적을 발견할 수 있지만 인도의 수학자였기 때문에 이 책들은 19세기가 되어서야 유럽에 알려졌다. 그리고 그때는 이미 다른 수학자들이 브라마굽타의 수학, 천문학적 발견들을 독자적으로 발견한 후였다.

그래서 수학자들은 만약 브라마굽타의 연구가 더 빨리 유럽에 전해졌다면 수학사는 달라졌을지도 모른다고 말한다.

08

무하마드 알 콰리즈미

고대 그리스의 수학자 디오판토스와 함께
대수학의 아버지로 불리는 수학자이자 천문학자.

무하마드 알 콰리즈미는 일차방정식과 이차방정식을 다음과 같이 여섯 가지 유형으로 분류했다.

- 제곱이 근과 같다($ax^2=bx$).
- 제곱이 수와 같다($ax^2=c$).
- 근이 수와 같다($bx=c$).
- 제곱과 근이 수와 같다($ax^2+bx=c$).
- 제곱과 수가 근과 같다($ax^2+c=bx$).
- 근과 수가 제곱과 같다($bx+c=ax^2$).

또 다른 대수학의 아버지 알 콰리즈미

우리가 알고 있는 수학에는 아랍 용어를 많이 사용한다. 페르시아의 수학자 무하마드 알 콰리즈미의 저서 《이항과 동류항 정리*Al gebr wal muqabala*》에서 유래한 대수학도 그중 하나이다.

알 콰리즈미의 저서 《이항과 동류항 정리*Al gebr wal muqabala*》에는 대수학의 기초와 다양한 형태의 2차방정식에 대한 해법이 제시되어 있다. 책 제목 중 알 자브라는 현대의 이항 개념을, 알 무콰발라는 동류항의 정리를 말한다.

알고리즘 역시 아랍어에서 나온 것이다. 알 콰리즈미의 저서인 《복원과 대비의 계산*Kitab al-mukhasar fi hisab al-jabra wa'l muqabala*》 중 al-jabra를 라틴어로 번역하면서 용어 'algebra'가 유래했다. 또 알고리즘은 수학자 알 콰리즈마를 라틴어로 번역하면서 몇 번에 걸쳐 바뀌어 지금과 같은 알고리즘이 되었다고 한다.

하지만 어떤 학자들은 라틴어로 '고통스러운'을 뜻하는 algiros와 '수'를 뜻하는 arithmos의 합성어가 알고리즘이라고 주장하는 등 여러 설이 더 존재한다.

알고리즘은 어떤 문제를 가장 효율적으로 풀기 위한 방법이나 절차를 말하는데 예를 들어 스파게티를 만드는 방법이 기성 제품을 써서 만드는 것이나 모든 재료를 구입해서 직접 만드는 것이나 스파게티는 스파게티라는 것이다. 주어진 명령에 정확하게 따르면 결과를 얻게 되는 것이다.

시판용 스파게티 소스로 요리해도, 다양한 재료를 사용해 요리해도 스파게티는 스파게티다.

이와 같은 알고리즘의 종류는 다양하다. 현대의 알고리즘은 컴퓨터가 정보를 처리하는 방법을 말한다. 그중에서도 컴퓨터 프로그램이 컴퓨터에게 어떤 특정 단계를 어떤 순서로 수행할

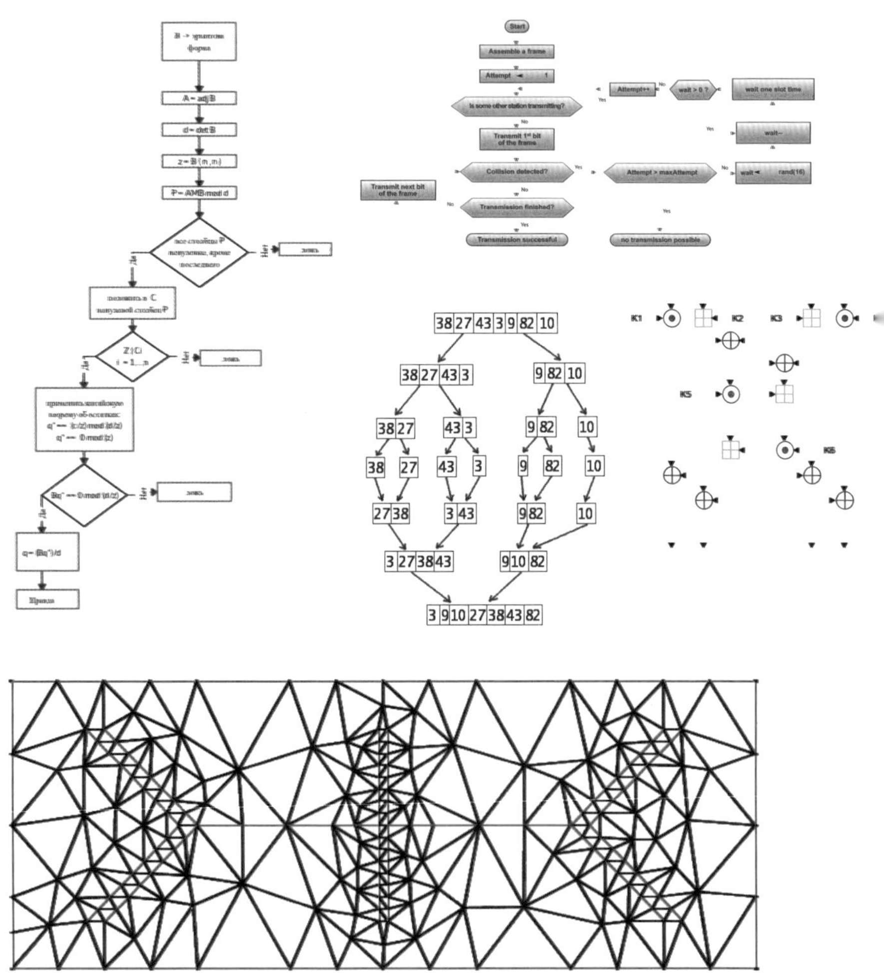

다양한 분야에서 이용하는 알고리즘의 예.

것인지 알려줌으로써 특정 과제가 이행되도록 하는 것도 알고리즘 중 하나이다.

유튜브의 영상을 많이 보는 사람이라면 '유튜브의 알고리즘이 나를 이 영상으로 안내했다'란 말을 들어본 적이 있을 것이다.

알 콰리즈미가 문제해결을 더 정확하고 빠르게 하기 위해 연구했던 대수학은 수많은 수학자들을 지나오며 새로운 수학적 발견들과 결합하고 더 깊게 연구되면서 다시 우리 삶을 바꾸는 도구가 되고 있다.

21세기 우리의 삶은 온통 수학적인 것으로 가득 차 있다. 컴퓨터 언어는 이제 필수가 되었다. 제4차 산업혁명에서 새롭게 선보일 직업들에서 수학이 차지할 비중은 갈수록 높아진다. 우리에게 무엇보다 수학이 중요해지는 순간이 다가오고 있는 것이다. 그리고 그 안에는 알고리즘의 다양한 변주도 한 부분을 차지하고 있다.

여행 시 예약을 위해 이용하는 숙박 사이트는 검색어를 통해 우리가 원하는 호텔이나 숙박업체를 소개한다. 음식점을 고르

식당이나 호텔, 영화 예약 등에도 알고리즘이 이용된다.

고 대출을 권하는 앱도 모두 알고리즘을 이용하고 있다. 알고리즘이 일상을 지배하는 사회가 된 것이다.

고대 이집트와 고대 그리스 그리고 고대 아라비아의 실용수학은 학문에 대한 호기심을 가진 수학자들을 만나 순수 수학으로 발전했고 이는 과학을 비롯한 다양한 분야의 학문과 만나면서 다시 실용수학으로 발전을 거듭하고 있다.

오늘 우리가 배우는 또는 궁금해하는 수학이 언젠가는 인류의 발전에 큰 밑거름이 될 수도 있음을 잊지 말자.

09

오마르 하이얌

11세기에 현재의 달력(그레고리 달력)보다

더 정확한 달력을 만들고

유클리드 기하학에서 3차방정식의 해법을 발견한

페르시아의 시인, 수학자, 천문학자.

평생선 공준의 증명을 시도하고 비와 비례에 대한 새로운 견해를 제시했다.

오마르 하이얌의 사변형.

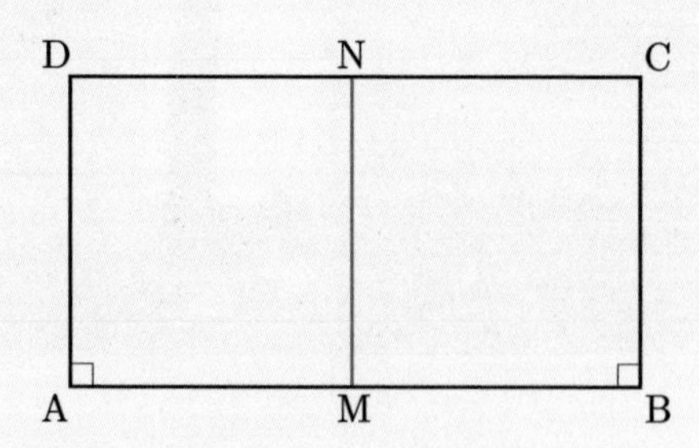

사케리의 사변형 조건 ⇒ 직사각형 조건.

3차방정식의 14가지 유형을 분류한 수학자이자 시인 오마르 하이얌

하이얌의 사변형은 600년 후 유클리드 기하학이 완전함을 증명하고 싶었던 사케리의 사변형에 영향을 주었다. 하지만 사케리는 오히려 비유클리드 기하학의 일종인 쌍곡 기하학의 정리를 발견하게 되었다. 유클리드 기하학이 완전하다고 믿었던 사케리는 이 위대한 발견을 믿지 못하고 연구를 포기했다.

오마르 하이얌은 페르시아인이지만 특이하게도 무신론자였다. 그런 그의 철학, 종교관, 관념 세계, 삶 등이 잘 나타나 있는 시집 《루바이야트》는 유럽에도 널리 알려져 있다. 이 책에는 약 1000여 편의 루바이(사행시를 뜻하며 각 연은 일반적으로 aaba의 운문 구조에 맞춰져 있다)가 들어가 있는데 그의 종교관으로 인해 당시 사람들에게 호응을 얻지는 못했다.

오마르 하이얌이 출간한 또 다른 저서 《대수학》에는 3차방정식을 14가지 유형으로 분류하고 모든 유형의 3차방정식을 기하학적 방식을 통해 근의 공식을 구하는 방법 등이 수록되어 있는데 수학 발전에도 크게 이바지한 것으로 평가받는 저서이다.

아델라이드 한스컴 리슨의 《루바이야트》 삽화.

그가 분류한 3차방정식의 14가지 유형은 다음과 같다.

· 2개의 항으로 구성된 방정식

$x^3=c$

· 3개의 항으로 구성된 방정식

$x^3+ax^2=c$, $x^3+c=ax^2$, $x^3=ax^2+c$

$x^3+bx=c$, $x^3+c=bx$, $x^3=bx+c$

· **4개의 항으로 구성된 방정식**

$$x^3+ax^2=bx+c,\quad x^3+bx+c=ax^2,\quad x^3+bx=ax^2+c$$
$$x^3+ax^2+c=bx,\quad x^3+c=ax^2+bx,\quad x^3+ax^2+bx=c$$
$$x^3=ax^2+bx+c$$

이 중 4가지는 이미 다른 수학자들이 증명한 상태였고 오마르 하이얌은 증명되지 않은 10가지 유형을 기하학적 방식으로 증명하고자 했다.

또 당시 사회에는 음수의 개념이 없었기 때문에 3중근이나 서로 다른 세 개의 근을 갖는 경우는 고려할 수 없었고 오직 양수 범위 안에서 근과 계수를 이야기했다.

그럼에도 하이얌의 저서가 높은 가치를 인정받는 것은 3차방정식이 1개 이상의 근을 가질 수 있음을 최초로 증명했으며 자와 컴퍼스를 사용한 작도법만으로 해결할 수 없음을 증명했기 때문이다.

하이얌이 증명을 위해 선택한 방법에는 원뿔의 절단면을 이용하는 것도 있는데 완전한 증명이 이루어진 것은 19세기가 되어서였다.

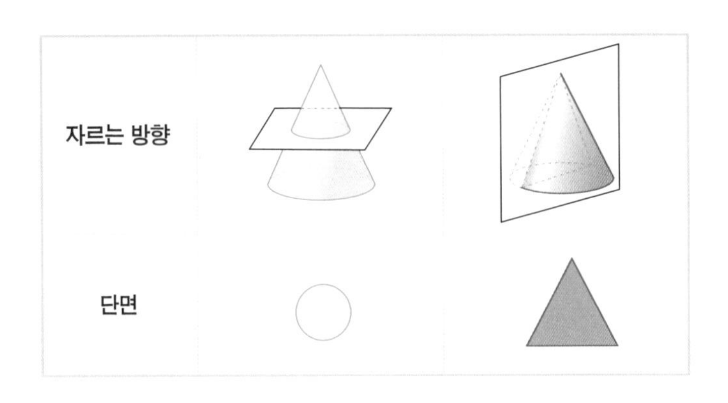

오마르 하이얌의 업적 중에는 대수의 정의를 제안한 것도 있다. 하이얌은 주로 거리, 넓이, 부피, 무게, 시간과 관련된 물리적인 상황에서 발생하는 문제들을 해결하는 분야가 대수라고 설명했다.

하이얌의 달력과 공준 증명

천문학에도 조예가 깊었던 하이얌은 18년 동안 술탄 잘라르 알딘 말리크샤가 설립한 천문관측소에서 일하면서 술탄의 요청에 따라 365.2424을 평균으로 하는 정교한 달력을 제작했다.

이는 약 5000년에 하루의 오차만 생길 정도로 정확했으며 오늘날 사용하고 있는 그레고리력(1582년)보다도 더 정확하다는 평가를 받고 있다.

천문 관측소에서 일하는 동안에도 하이얌은 유클리드의 《원론》

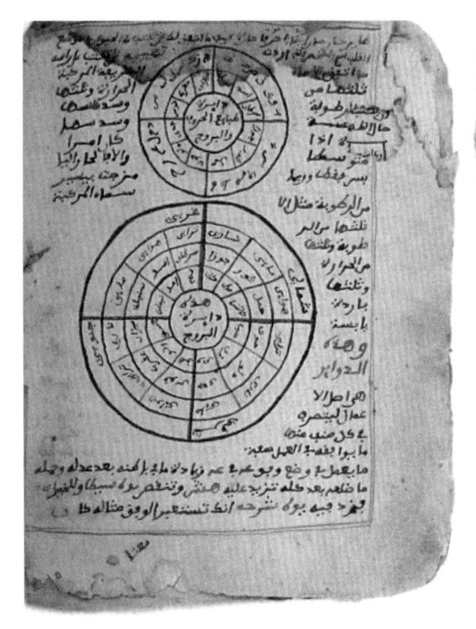

하이얌의 달력은 16세기 그레고리 달력보다 더 정확성을 보여줬다.

에서 공준을 증명하는 연구를 진행했다. 그의 연구는 총 3권으로 된 수학책《유클리드 책의 공준의 문제에 대하여*Sharh ma ashkala min musadarat kitab Uqlides*》으로 발간되었으며 그중 제1권에서 유클리드의 평행선 공준을 대체할 8개의 명제가 제시되었다.

그리고 이 8개의 명제 중 2개는 훗날 베른하르트 리만Bernhard Riemann

베른하르트 리만과 니콜라이 로바쳅스키.

과 니콜라이 로바쳅스키Nikolai Lobachevsky의 비유클리드 기하학 발견에 토대가 된다.

수학자이자 시인이며 천문학자이기도 했던 하이얌은 후원자의 요청으로 3권의 철학 책을 발간하기도 했다.

하지만 술탄 말리크샤가 사망하자 뒤를 이은 새로운 술탄이 모든 후원을 중단하면서 하이얌은 모든 직을 내려놓게 되었다. 그는 메르브로 이주해 철학과 물리학을 통합한 2권의 저서를 출간했다.

이 책에는 유레카로 알려진 아르키메데스의 부력 문제 등을 비롯해 아르키메데스의 이론을 물리적으로 분석해 놓았다.

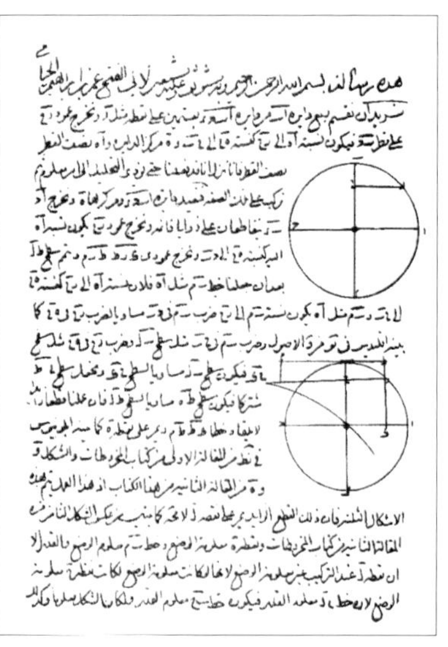

'원뿔형 방정식과 교차점'에 대한 견해가 담긴 오마르 하이얌의 원고.

10

레오나르도 피보나치

유럽에 인도-아라비아 수 체계와

0의 개념을 처음 소개한 이탈리아의 수학자.

톡톡 포인트

피보나치 수열

피보나치 수열이란 다음과 같다.

한 쌍의 토끼가 있다. 이 토끼 한 쌍이 1년 동안 계속 새끼를 낳고 그 새끼들도 3개월부터 계속 새끼를 낳는다면 1년 후엔 총 몇 마리의 토끼가 태어날까?

이에 대한 답을 구하는 것이다.

공식은 다음과 같다.

$$k_n = k_{n-1} + k_{n-2}$$

(여기서 $k_1 = k_2 = 1$)

$1+1=2$

$2+1=3$

$3+2=5$

$5+3=8$

$8+5=13$

$13+8=21$

$21+13=34$

$34+21=55$

$55+34=89$

$89+55=144$

$144+89=233$

$233+144=377$

⋮

황금비율 나선형 패턴을 이루는 피보나치 수열의 발견자 피보나치

피보나치 또는 보나치의 아들로 알려진 피사의 레오나르도는 저서 《산반서》에 아라비아를 여행하며 배운 산술과 대수를 소개했다. 그중에는 인도-아라비아 숫자도 포함되어 있는데 당시 로마 숫자를 쓰던 유럽이 인도-아라비아 숫자를 받아들이는 데는 오랜 시간이 걸렸다.

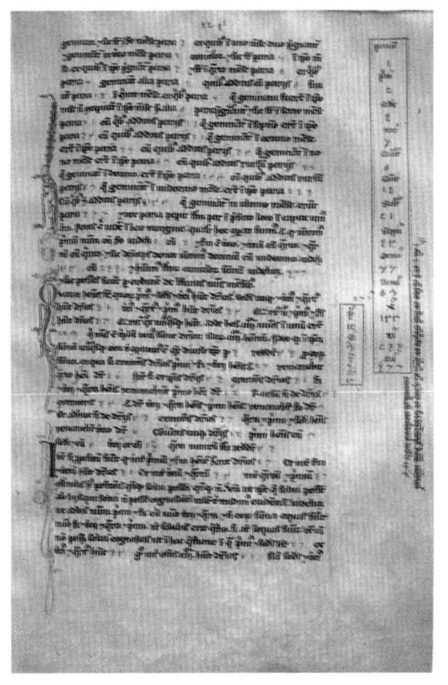

《산반서》.

인도-아라비아 숫자	1	2	3	4	5	6	7	8	9	10
로마 숫자	I	II	III	IV	V	VI	VII	VIII	IX	X
한자 숫자	一	二	三	四	五	六	七	八	九	十

지금도 사용되고 있는 가장 오래된 수 체계들.

인도-아라비아 숫자는 수학자들이 아니라 계산이 쉽고 데이터 기록이 편해야 할 필요성이 있었던 무역업자, 측량사, 회계사, 상인 등이 받아들이면서 16세기부터 유럽 전역에서 사용하기 시작했다. 그리고 인쇄기가 등장하면서 인도-아라비아 숫자의 사용방법이 표준화되어 18세기경에는 현재 우리가 사용하고 있는 수 체계가 정립되었다.

뿐만 아니라 플러스와 마이너스 용어를 사용한 것도 피보나치이다.

또 하나 피보나치의 업적으로 손꼽는 것은 저서 《제곱근서》에서 다룬 피보나치 수열의 발견이다. 《제곱근서》는 피보나치 수열을 소개하고 있을 뿐만 아니라 수론을 다룬 저서 중 가장 중요한 책으로 꼽히고 있다.

피보나치 수열이란 다음과 같다.

한 쌍의 토끼가 있다. 이 토끼 한 쌍이 1년 동안 계속 새끼를 낳고 그 새끼들도 3개월부터 계속 새끼를 낳는다면 1년 후엔 총 몇 마리의 토끼가 태어나는지에 대한 답을 구하는 것이다(88쪽 참조). 이에 대한 공식은 다음과 같다.

$$k_n = k_{n-1} + k_{n-2} \text{ (여기서 } k_1 = k_2 = 1\text{)}$$

피보나치 수는 자연계에서도 발견할 수 있다. 백합은 1장의 꽃잎을 가지고 있다. 꽃기린은 대부분 2장의 꽃잎이다. 갈란투스는 3장, 채송화는 5장, 코스모스는 8장, 금잔화는 13장, 치커리는 21장, 장미는 34장이거나 55장이 대부분이다. 또 대표적인 자연계의 피보나치 수열을 보이는 예로 해바라기가 많이 언급된다. 솔방울도 피보나치 수를 보여준다. 그리고 전체 식물의 약 90%가 이런 피보나치 수열을 따르고 있다고 한다.

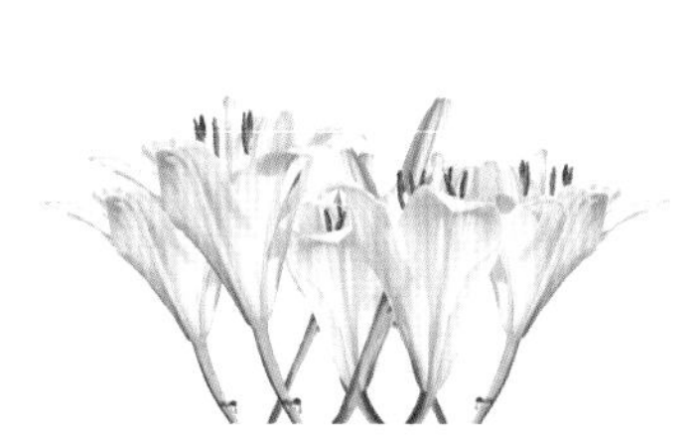

자연계에서 피보나치 수를 이루고 있는 예들. 백합, 솔방울, 해바라기.

자연이 피보나치 수를 선택한 이유는 환경에 최적화된 상태로 적응해 살아남기 위해서라고 한다.

그런데 더 놀라운 것은 이 모든 수가 삼각수와 관련 있다. 다음 그림을 보면 점선으로 표시된 대각선 오른쪽 위의 숫자와 삼각수가 일치함을 확인할 수 있다.

	1	1	2	3	5	8	13	21
1								
1	1							
1	2	1						
1	3	3	1					
1	4	6	4	1				
1	5	10	10	5	1			
1	6	15	20	15	6	1		
1	7	21	35	35	21	7	1	

피보나치 수열의 또 다른 흥미로운 점은 피보나치 수열의 각 항의 값을 바로 앞 항의 값으로 나누기를 계속하면 1.618로 시작하는 황금비 ϕ(파이)에 가까워진다는 것이다.

보통 황금비로 많이 언급하는 앵무조개 껍데기는 사실 로그 나선 모양이지만 황금비에 따라 나선이 확장되어가는 것은 아니다. 매 회전 때마다 일정한 어떤 수의 배수만큼 확장되도록

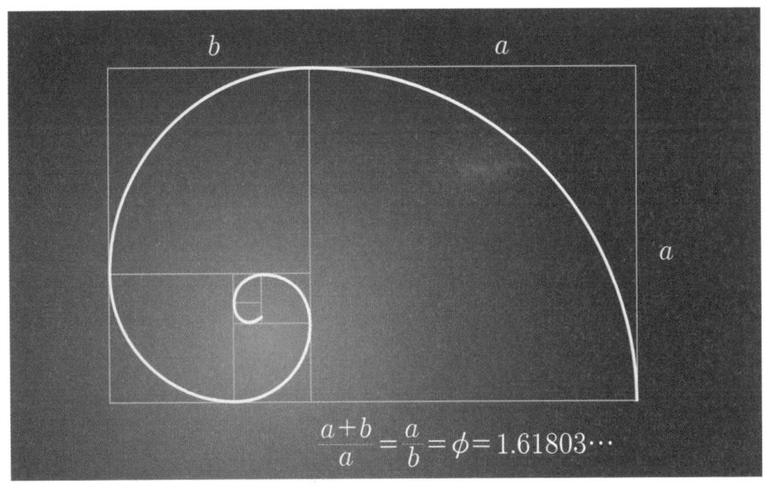

$\frac{1}{1}, \frac{2}{1}, \frac{3}{2}, \frac{5}{3}, \frac{8}{5}, \frac{13}{8}\cdots$ 의 순서로 계속 각 항의 값을 바로 앞 항의 값으로 나누면 1.618로 시작되는 황금비를 이루게 된다.

그린 나선을 로그 나선이라고 하며 그 수가 일정하게 ϕ를 이루어야 황금나선이 된다. 그런데 앵무조개의 나선은 로그 나선 모양이지만 일정한 수가 ϕ는 아니다.

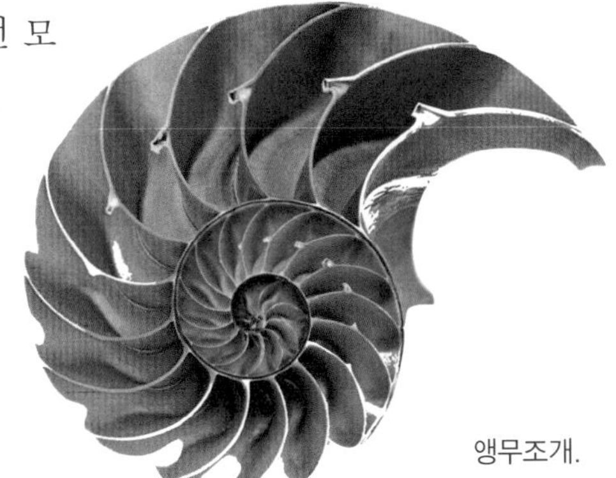

앵무조개.

황금비는 음악과 건축, 미술계에도 영향을 주었으며, 대표적인 화가로는 몬드리안이 있다.

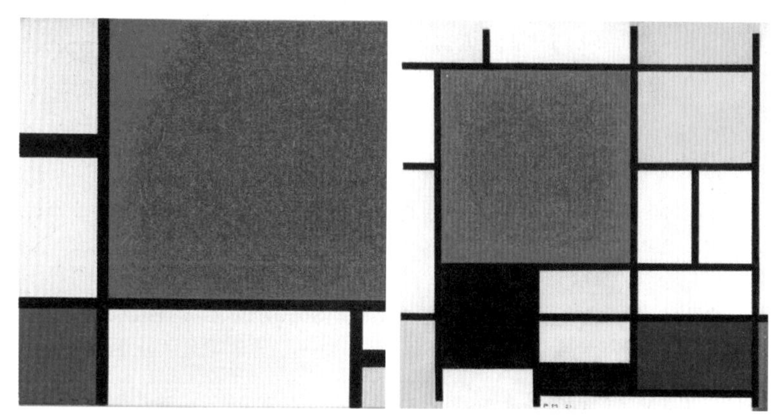

황금비가 적용된 몬드리안의 작품 〈빨강, 노랑, 파랑 그리고 검정의 구도〉.

11

지야드 알딘 잠쉬드 마흐무드 알카시

π값과 sin(1°) 의 근삿값을 계산한 수학자.

톡톡 포인트

알카시 코사인 법칙

최초로 삼각 측량에 적합한 형태의 코사인 법칙을 바련해 프랑스에서는 코사인 법칙을 알카시의 정리라고도 한다.

코사인 법칙은 삼각형의 변과 각의 관계를 코사인 함수로 나타낸 정리이다.

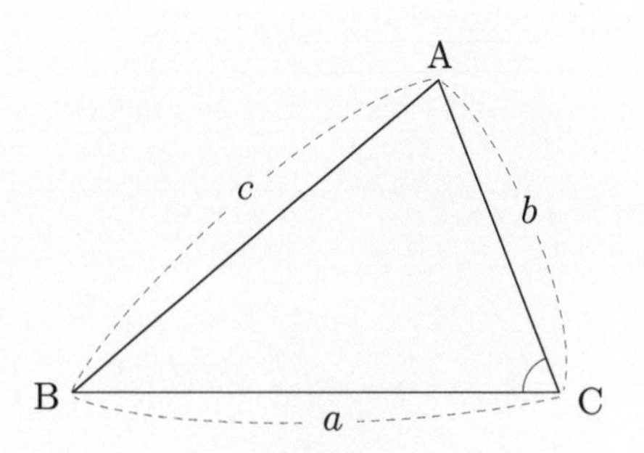

알카시의 정리라고도 불리는 코사인 법칙

$$c^2 = a^2 + b^2 - 2ab\cos C$$

정확한 소수 값을 계산한 수학자 알카시

알카시는 10진법에 기초를 둔 분수 계산법을 발견해 힌두아랍의 수 체계를 완성시키는 큰 역할을 했으며 천문학과 수학에 큰 업적을 남길 정도로 천재적인 수학자였다.

하지만 알카시에 대해서는 크게 알려진 것이 없다. 다만 그가 아버지에게 보낸 편지와 저서를 통해 그가 가난한 환경에서 수학과 천문학을 공부했음을 유추하고 있을 뿐이다.

알카시의 업적은 천문학 관련 저서 5권과 3권의 수학 저서에 잘 나타나 있다.

1406년 집필한 그의 첫 번째 천문학 책 《*Sullam al-sama' fi hall ishkal waqa'a li'l-muqaddimin fi'l-ab'ad wa'l-ajram*》에는 태양과 달, 행성들과 지구 사이의 거리, 크기 등에 대한 정보가 담

겨 있다.

세 번째 천문학 책인《*Zij−i Khaqani fi takmil Zij−i Ilkhani*》에는 13세기경 나스 알딘 알투스의 천문학 표를 수정해 달력의 역사, 수학, 구면 천문학, 기하학과 관련된 내용들을 담았다. 이 책에 담긴 천문학과 수학적 내용들은 수학사 발전에 중요한 역할을 했다.

네 번째 책에는 행성과 다른 천체들의 궤도를 나타내는 혼천의 등과 같은 천문학 도구들의 사용법을 소개하고 있는데 특히 8개의 천문학 도구들에 대한 구조까지 설명되어 있다.

혼천의.

육분의.

1416년 알카시는 그가 직접 발명한 천문학 도구 천체판과 결합판을 소개하는 다섯 번째 천문학 책을 집필했다. 이 책에는 천체판을 이용해 행성의 경로를 분석하고 결합판으로 실험이나 관측을 통해 얻어진 관측값으로 아직 관측되지 않은 값을 추정하는 방법에 대해 설명하고 있다.

알카시의 5권의 천문학 저서들에 담긴 내용도 놀랍지만 그의 수학적 업적으로 단연 꼽히는 것은 π의 계산이었다.

1417년 알카시는 울르그 베그 왕자의 명령으로 우주의 둘레를 정확하게 재기 위해 π값을 계산하게 되었다. 이 과정에서 그는 삼각법과 제곱근을 계산하는 효율적인 알고리즘을 사용했다.

알카시의 저서 《연산의 열쇠*Mifah al-hisab The key of arithmetic*》는 대표적인 저서로 총 5권짜리 수학책이다. 대수, 기하학, 삼각법 등 당시 수학 지식의 거의 대부분을 담고 있어 그 가치가 특별하다.

분수의 값을 10진법으로 나타내는 법, 10진법 형태의 소수를 표현하는 방법, 직선 자와 컴퍼스만으로 건축물의 아치와 둥근 천정, 둥근 지붕의 면적과 부피를 측정하는 방법, 1차방정식과 2차방정식, 4차방정식에 대한 내용 등이 담겨 있다.

알카시의 직선 자와 컴퍼스만으로 건축물의 면적과 부피를 측정하는 방법은 아라비아식 건축물의 3차원 곡면의 부피와 면적도 구할 수 있다.

또한 알카시가 제시한 삼각함수표는 현대수학에서도 활용이 가능할 정도로 정확하다.

피타고라스의 정리를 모든 삼각형에 사용할 수 있도록 일반화해 21세기가 된 지금도 가장 자주 사용하는 삼각비인 코사인 법칙도 알카시의 중요한 수학적 업적 중 하나이다. 이런 이유로 프랑스에서는 코사인 법칙을 알카시의 정리라고도 부른다.

알카시의 정리 : $a^2=b^2+c^2-2bc\cos A$

이 법칙은 현재 다음과 같은 법칙으로 발전해 사용한다.

제1코사인 법칙

$a=b\cos \mathrm{C}+c\cos \mathrm{B}$

$b=c\cos \mathrm{A}+a\cos \mathrm{C}$

$c=a\cos \mathrm{B}+b\cos \mathrm{A}$

제2코사인법칙

$a^2=b^2+c^2-2bc\cos \mathrm{A}$

$b^2=a^2+c^2-2ac\cos \mathrm{B}$

$c^2=a^2+b^2-2ab\cos \mathrm{C}$

《연산의 열쇠 *Mifah al-hisab The key of arithmetic*》는 수세기 동안 대학교

수많은 곡선이 특징인 아부다비 셰이크 자이드 모스크.

의 교재와 천문학자, 토지 측량사, 건축가 상인 등 다양한 계층에서 참고서 및 실용서로 사용했다.

알카시가 마지막으로 연구하다가 세상을 떠난 후 그의 동료인 알루미가 완성한 논문에는 sin(1°)의 근삿값을 구하는 방법이 정리되어 있다.

여기서 알카시가 사용한 반복적인 알고리즘은 19세기까지도 가장 뛰어나다고 평가받았으며 그의 수학적 업적은 천문학에 필요한 계산을 편리하고 정확하게 해주었다는 평가와 함께 중세 수학의 가장 위대한 발견 중 하나로 꼽히게 되었다.

알카시의 과학, 수학적 업적은 종교적 목적도 들어 있다. 매일 기도문을 낭독하면서 메카를 향해 예배드려야 하는 이슬람교도들이 기도드리는 방향을 찾기 위해 사용하던 천문학 도구의 사용법을 알려주기 위해 연구한 결과도 담겼기 때문이다.

12

루카 파치올리

회계학 또는 복식 부기의 아버지로 불리는

이탈리아의 수도사이자 수학자.

톡톡 포인트

〈학생과 함께 있는 루카 파치올리〉의 초상화를 살펴보면 유클리드라고 쓰인 개인용 칠판에 도형을 그리고 있는 파치올리와 그 주변에는 다양한 수학의 도구들이 놓여 있다. 왼쪽에는 부풀린 육팔면체 Rhombicuboctahedron ($v=24$, $e=48$, $f=26$)가 매달려 있고 학생이 뒤에서 파치올리를 지켜보고 있다.

회계학의 아버지 파치올리

인도-아라비아 숫자가 유럽에 널리 알려지게 된 가장 큰 이유는 빠르고 정확한 계산이 필요했던 무역상, 상인 등 실용성을 중요하게 생각하는 이들에 의해서였다. 유럽은 14세기에 이미 복식부기가 시작되었다. 하지만 회계가 정확하게 일치하는 것은 아니었다.

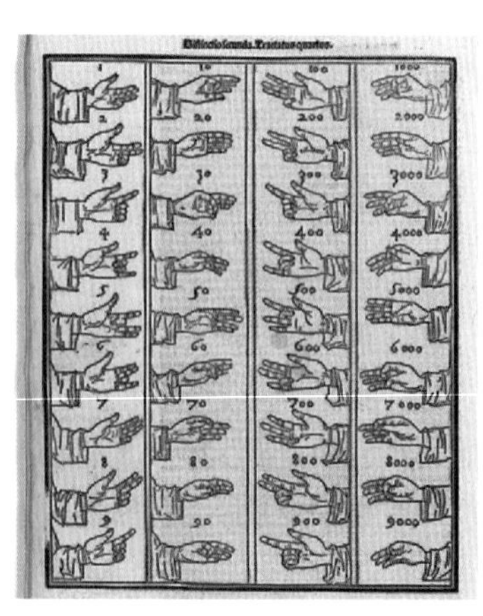

파치올리의 손가락 셈.

이를 완전한 형태로 정리해 책으로 출판한 이가 바로 이탈리아의 수도사이자 수학자인 루카 파치올리이다.

그의 저서 《산수, 기하, 비례와 균형의 전집*Summa de arithmetica, geometria, proportioni et proportionalita*》(1494)은 점성술, 건축, 조각, 신학, 우주론 등 거의 모든 분야를 수학적으로 설명한 수학 입문서이다.

그중 계산과 기록을 정리한 장은 상업 산수와 부기가 체계적으로 정리되어 있다.

그는 별도의 페이지를 마련해 왼쪽에는 손실 즉 차변 총액을, 오른쪽에는 이익 총액을 기록해 두 항목을 합산한 후 비교해 양쪽 수치가 일치하는지 확인해야 한다고 주장했다.

일치하지 않는다면 계산 실수나, 누락이나 부정 등이 있다는 의미이므로 어디에서 잘못된 것인지 검토해야 하며 수입이 지출보다 많다면 이익을 보고 있는 것이라고 했다.

계산을 자주하면 우정도 오래 간다고 주장했던 파치올리의 신념과 그의 회계에 대한 이와 같은 업적이 그를 회계학의 아버지로 불리게 했다.

루카 파치올리는 수학자 피에로 델라 프란체스카의 친구였으며 레오나르도 다 빈치의 스승이자 친구였다.

원근법 등 수학에 관심이 많았던 레오나르도 다 빈치는 루카 파치올리와 일하며 원근법를 연구했고 파치올리의 저서 《신성한 비례*De divina proportione*》 속에 등장하는 다면체 삽화들을 그

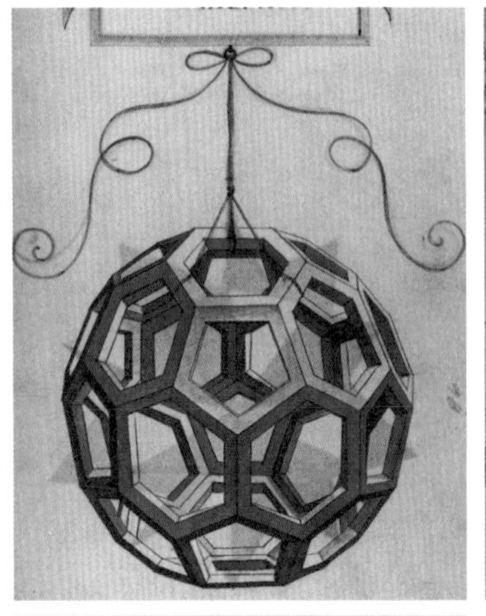

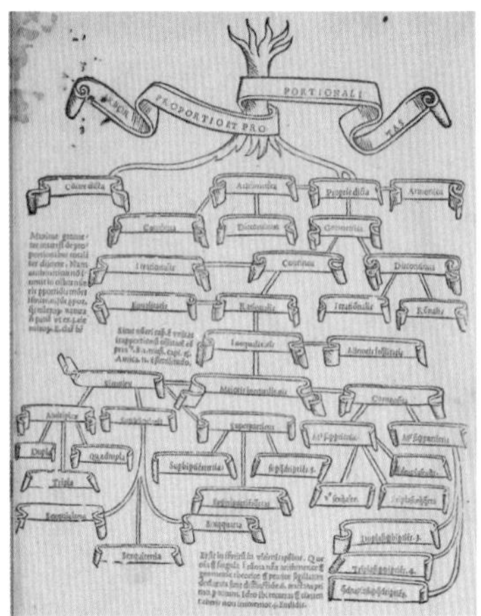

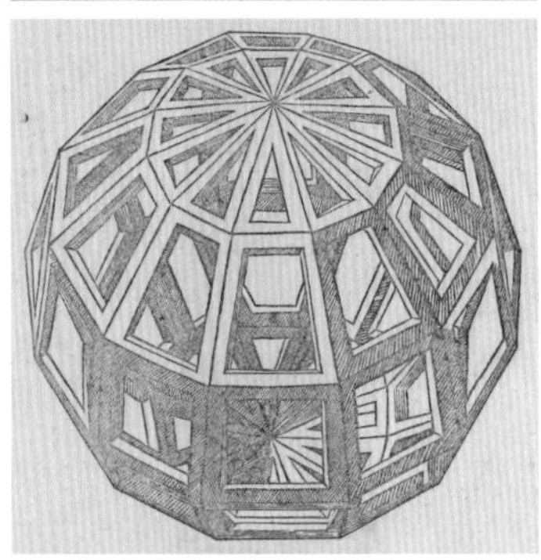

파치올리의 저서 《신성한 비례》 속 레오나르도 다 빈치의 다양한 다면체 삽화.

렸다.

또 〈비트루비우스의 인체 비례〉도 이때 그린 것이다.

이 인체 비례에는 황금비가 적용된다.

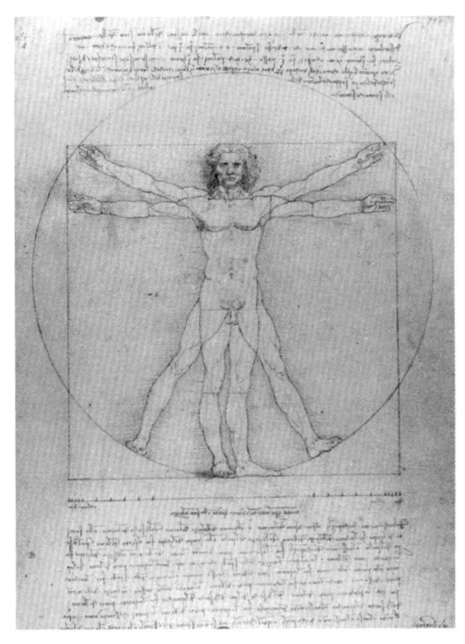

〈비트루비우스의 인체 비례〉.

13

요하네스 케플러

케플러의 행성운동법칙으로 유명한 천문학자
그리고 황금비의 값 증명, 케플러의 추측을 제안한
천재 수학자.

황금비

인간이 가장 안정감과 아름다움을 느끼는 비율을 황금비라고 한다.

$$황금비(\phi)=\frac{1+\sqrt{5}}{2}$$

현대사회에서 쉽게 볼 수 있는 황금비를 이루는 것으로는 카드와 명함, 16:9의 비율을 보여주는 TV, 모니터 등이 대표적이다.

케플러의 추측과
행성운동법칙을 발견한 케플러

요하네스 케플러는 독일의 수학자이자 천문학자이며 점성술사다. 그는 17세기 천문학 혁명의 핵심 인물로 케플러의 행성운동법칙으로 유명하다.

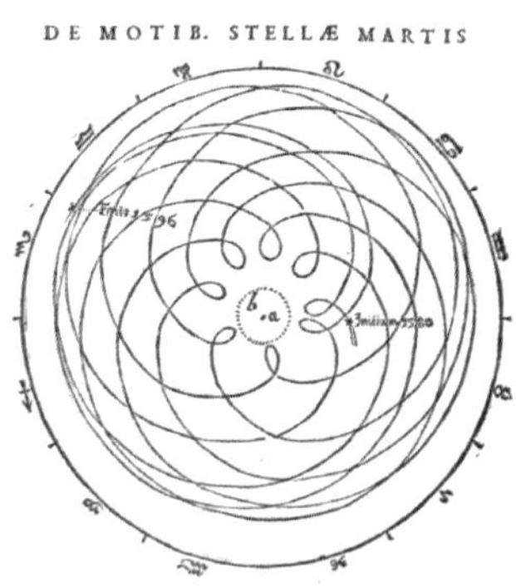

DE MOTIB. STELLÆ MARTIS

《신천문학*Astronomia Nova*》(1609)에 담긴 화성 운동 이미지.

행성운동법칙

타원 궤도의 법칙 (케플러의 제1법칙)

모든 행성은 태양을 하나의 초점으로 타원 궤도를 그리며 움직인다.

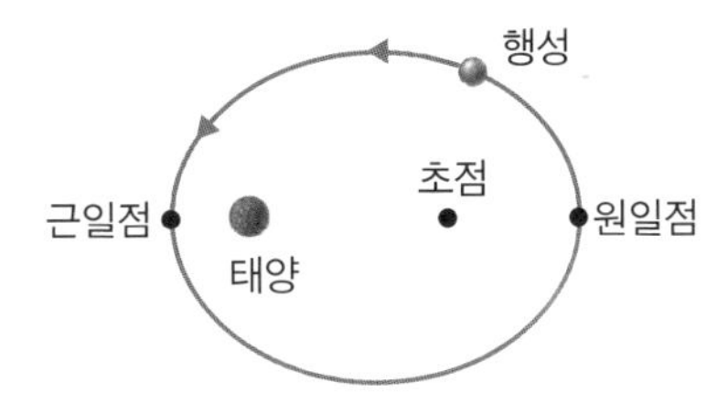

면적의 법칙(케플러의 제2법칙)

행성과 태양을 연결하는 가상의 직선은 같은 시간에 같은 넓이를 휩쓸며 지나간다.

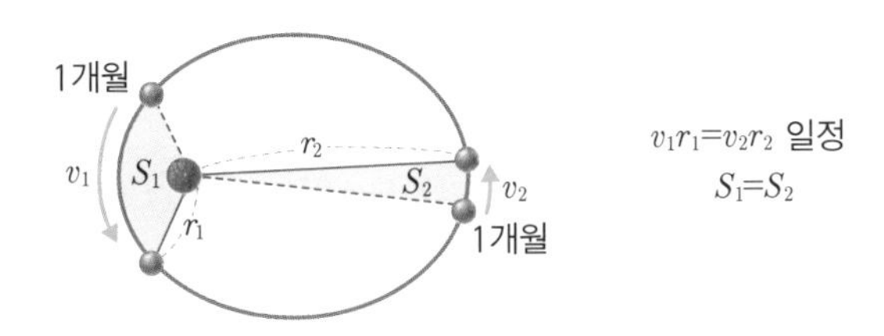

조화의 법칙(케플러의 제3법칙)

행성의 공전주기의 제곱은 공전궤도의 반지름의 세제곱에 비례한다.

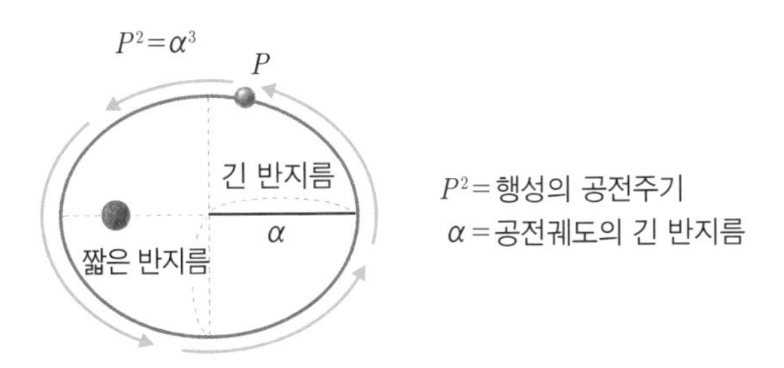

그의 저서 《신천문학》《세계의 조화》《코페르니쿠스 천문학 개요》는 아이작 뉴턴의 중력의 법칙(만유인력의 법칙)을 발견하는 데 토대가 되었으며 그는 천체를 관찰하기 위해 성능을 개선한 케플러 망원경을 발명했다.

또한 요하네스 케플러는 피보나치 수열의 각 항의 값을 바로 앞 항의 값으로 나누면 즉 $\frac{1}{1}, \frac{2}{1}, \frac{3}{2}, \frac{5}{3}, \frac{8}{5}, \frac{13}{8}\cdots$의 계산을 계속 반복하면 황금비에 가까워진다는 사실을 증명하기도 했다.

뿐만 아니라 빈 상자에 최대한 공을 쌓는다면 얼마나 채울 수 있는지를 묻는 상자 채우기 문제의 답이 74%임을 알아냈지만 증명하지는 못했다.

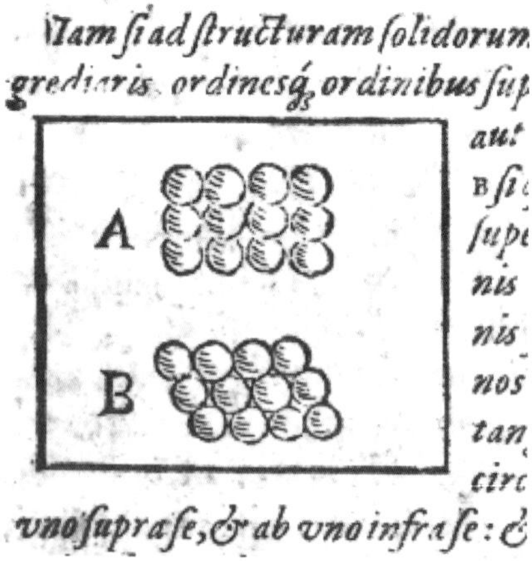

케플러는 입방체 안에 구를 쌓는 최적의 방법은 상점에서 오렌지나 과일을 쌓는 방식과 같은 육방최밀격자 방식임을 제안했다. 이것을 바로 케플러의 추측이라고 한다.

1611년《육각형 눈송이에 관하여*Strena Seu de Nive Sexangula*》에 담긴 케플러 추측을 그린 일러스트.

상자 채우기 문제는 그 후 케플러의 추측으로 알려졌고 1831년 카를 프리드리히 가우스가 규칙적인 패턴으로 공을 쌓는 방식이 가장 최적의 방법임을 증명했다. 하지만 불규칙적인 배열 방식으로도 성립한다는 케플러의 추측은 여전히 미해결 상태였다.

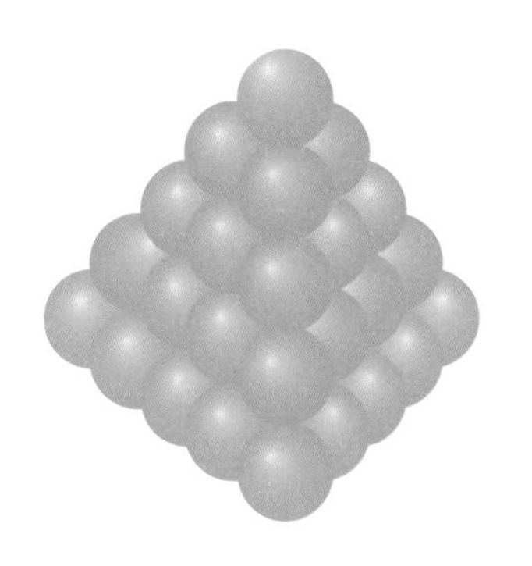

이를 증명하기 위해 400여 년 동안 수많은 수학자들이 도전했지만 1998년이 되어서야 미국의 수학자 토머스 헤일스가 250쪽의 논문과 3기가에 달하는 컴퓨터 프로그램으로 이루어진 증명을 발표할 수 있었다.

하지만 토머스 헤일스 역시 완전하게 증명해낸 것은 아니었다. 99%는 맞지만 1%의 의문이 남는다는 검토위원회의 결정에 헤일스는 연구팀을 꾸려 여러 개의 컴퓨터를 이용한 증명에 도전했고 이를 플라이스펙 프로젝트라고 한다. 그리고 2015년 1월 마침내 케플러의 추측이 맞다는 공식적인 증명을 발표했다.

케플러 기념우표.

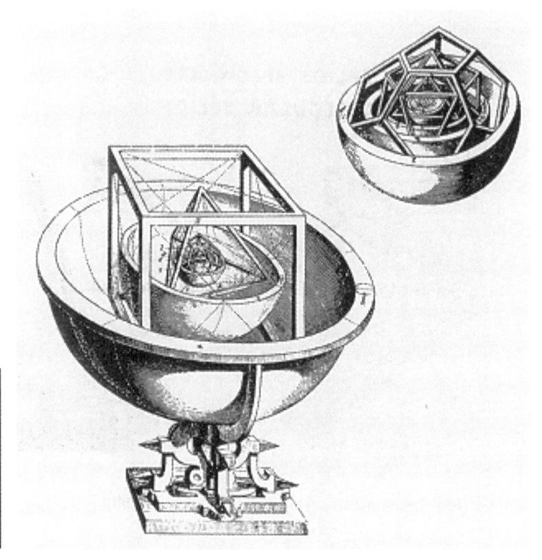

케플러의 태양계 모형 이미지.

14

프랑수아 비에트

미지수를 문자로 대체하는 표기법을 소개한

현대 대수학의 아버지.

비에트의 공식

비에트의 정리라고도 하며 근과 계수의 관계를 말한다.

$ax^2+bx+c=0$인 이차방정식이 있을 때

두 근의 합은 $\alpha+\beta=-\frac{b}{a}$

두 근의 곱은 $\alpha\beta=\frac{c}{a}$ 이다.

현대 대수학의 아버지 비에트

근대 대수학의 시작을 알린 비에트의 수학적 업적은 많다. 그럼에도 그는 수학자로서의 활동이 아니라 앙리 3세와 4세의 왕실 변호사로 일했으며 그의 고객 중에는 스코틀랜드의 여왕인 메리 스튜어트도 있었다.

또한 해독이 불가능할 거라고 믿던 스페인의 왕의 암호문을 가로채 암호해독을 하고 가정교사로 일하는 동안 과학 책을 출간하는 등 다양한 분야에서 활동한 재주 많은 수학자였다.

그는 행성 이론을 분석하기 위해 수학적 천문학적 연구를 진행하고 그 결과를 책으로 펴냈는데 그중에는 지구가 우주의 중심이라고 주장했던 프톨레마이오스와 태양이 우주의 중심이라고 주장했던 코페르니쿠스의 이론을 분석한 것도 있다. 그러고

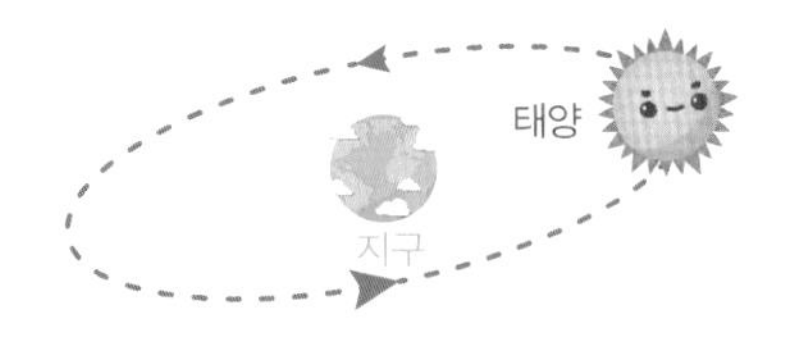

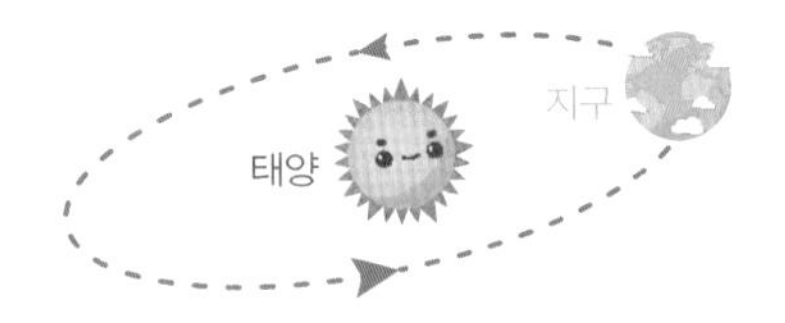

천동설과 지동설 이미지.

는 코페르니쿠스의 우주관은 기하학적으로 실현 불가능하기 때문에 프톨레마이오스의 우주론이 맞다는 결론을 내렸다.

그의 주장 중에는 수세기 동안 사용해왔던 60진법 소수 대신 10진법 소수를 사용해야 한다는 주장이 있으며 이는 훗날 이탈리아의 수학자 마지니와 독일 수학자 크리스토퍼 클라비우스의 소수점을 사용한 정수와 소수 부분 표기법으로 바뀌면서 오늘날까지 사용하고 있다.

1591년 대수학을 주제로 한 《해석학 서설》에서 비에트는 기호표기법을 사용해 방정식 전체에서 일반적인 형태로 해를 표현하고 방정식의 근과 계수의 관계를 추상적인 방법으로 표현할 수 있는 길을 열었다. 이는 수학사에서 가장 중요한 발견의 하나로 꼽히고 있으며 근대 대수학의 시작을 알리는 일이었다. 그리고 유럽의 수학자들은 비에트의 기호 체계를 기호논리 해석과 새로운 대수학으로 평했다.

비에트의 연구에는 2차방정식 풀이를 위한 근과 계수의 관계, 즉 비에트의 정리를 비롯해 3차방정식에 대한 네 가지 풀이법, 4차방정식 풀이를 위한 대수적 대입법 등이 있다.

이는 기존의 방정식 풀이를 훨씬 앞서 나간 방법으로 비록 양수라는 제한을 두기는 했지만 그가 프랑스의 자랑스런 수학자가 되는 데는 아무 문제가 없었다.

뿐만 아니라 자와 컴퍼스만을 이용해 정사각형 작도법, 임의의 각을 삼등분하는 방법, 두 선분 사이에 두 개의 비례중앙을 작도하는 방법을 개발했다는 수학자 스캘린의 주장이 불가능한 이유를 증명하고 대신 원에 내접하는 정칠각형 작도법과 아르키메데스의 나선 위 임의의 한 점에서 접선을 긋는 방법을 제시하기도 했다.

비에트의 논문 〈수학자의 반박 모음집〉에는 무한 번의 연산을 사용해 π값을 구하는 연구도 들어 있다.

비에트에 대한 에피소드 중에 45차방정식에 대한 근의 공식에 관한 이야기가 있다.

프랑스의 왕 앙리 4세에게 베네룩스의 대사가 프랑스에는 45차방정식의 근을 구할 사람이 없지만 자신의 나라에는 있다고 자랑했다. 이에 프랑스 왕은 비에트를 불렀고 그런 그의 앞에 베네룩스의 수학자 로마누스의 방정식이 주어졌다. 이미 삼각법의 기본을 알고 있던 비에트는 몇 분만에 두 개의 근을 찾고 계속해서 21개의 근을 더 찾아냈다고 한다.

그리고 비에트는 베네룩스의 대사를 통해 로마누스에게 아폴로니오스의 문제Problem of Apollonius를 보냈다. 아폴로니오스의 문제를 풀지 못한 로마누스는 비에트의 우아한 해를 본 후 프랑스로 그를 찾아와 경의를 표했다고 한다.

이밖에도 다양한 수학적 연구를 해오던 비에트는 왕실변호사직에서 물러난 2달 뒤에 세상을 떠났다. 그러자 그의 동료였던 알렉산더 앤더슨이 비에트가 남긴 원고들을 모아 출간했고 수학자들은 그의 수학적 업적을 받아들여 수학 연구에 활용했다.

대수학, 기하학, 삼각법 사이의 관계를 강조한 비에트의 수학적 업적은 대수기하학으로 발전해 지금도 연구되고 있으며 다양한 분야에 쓰임으로서 우리 사회를 변화시키고 있다.

예를 들어 2차원 X－레이 사진에 대수기하학이 활용되면 3차원 CT 영상으로 바꿀 수 있다.

영화에서 사람의 얼굴이나 물체를 찍어 바로 3D 프린터로 보내 그대로 가면을 만드는 장면을 봤다면 여러분은 대수기하학을 이용해 2차원 사진을 3차원 데이터로 완벽하게 변환하는 기술을 만난 것이다.

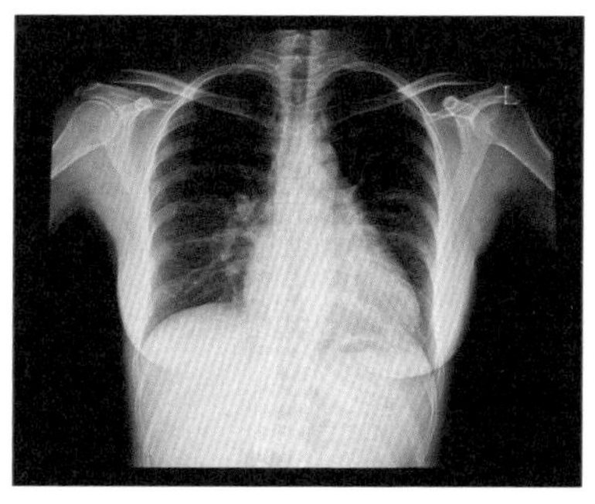

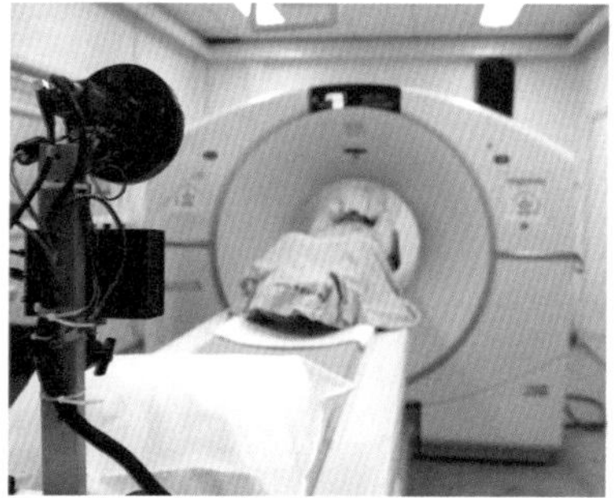

2차원 X-레이 사진에 대수기하학을 활용하면 3차원 촬영이 가능하다.

우리나라에서는 서울대 수리과학부 한동훈 교수가 최근 2차원 사진 한 장을 3차원 형상으로 바꿔주는 스캐너를 개발했는데 레이저 3D스캐너 알고리즘을 이용한 것이다. 아직 습작단계이지만 2차원인 물체 주변에 좌표를 찍고 10차 다변수다항방정식을 풀어내 3차원 물체로 바꾸는 대수기하 알고리즘 '그뢰브너 기법'을 이용했다.

아폴로니우스의 문제

주어진 세 개의 점, 직선 또는 원에 모두 접하는 원을 그리는 문제.

15

토머스 해리엇

최초로 달 표면을 그림으로 남긴 천문학자이자

최초로 인수분해를 한 수학자.

톡톡 포인트

1609년 망원경으로 달 표면을 관찰하고 그린 해리엇의 달 지도.

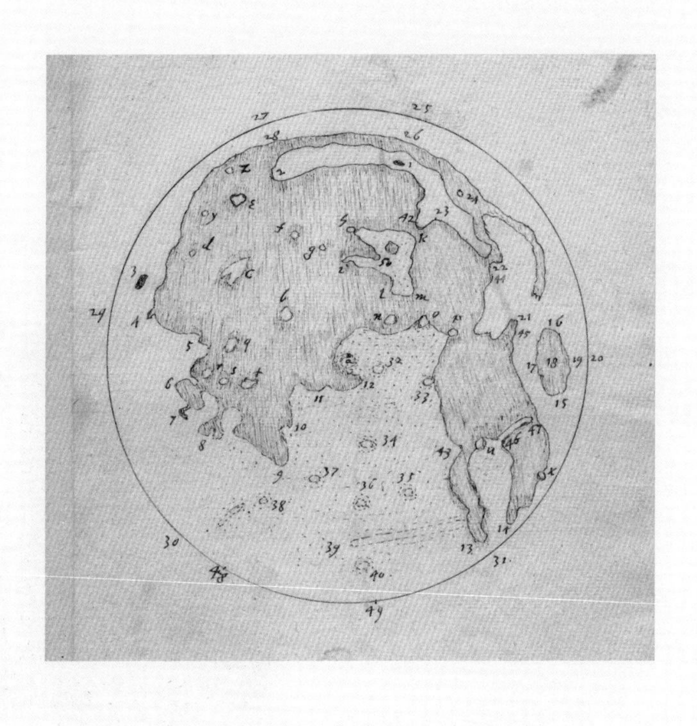

수학 기호를 개발한 대수학자 해리엇

1456년 구텐베르그의 라틴어 성경.

영국의 수학자이자 천문학자인 토머스 해리엇은 뉴턴 이전의 영국 최고의 대수학자로 꼽힌다. 17세기는 우리가 사용하고 있는 수학 기호들이 개발된 시기이다.

인쇄술의 발달은 많은 것을 바꾸었는데 수학 분야에서도 빠르고 편리하게 좁은 공간에 기록할 수 있고 인쇄할 수 있어야 할 필요성 때문에 수학 기호들의 개발이 활발해졌다. 하지만 표준화되는 데까지는 시간이 걸렸다. 그중에 토머스 해리엇이 있었다.

해리엇은 기하학, 대수학, 광학, 역학, 천문학, 항해학 등 다양한 분야를 연구하며 8000여 페이지의 원고를 남겼지만 출판은 하지 않고 주변에만 알려 그의 독창적 연구 결과가 다른 학자들과 제대로 공유되지는 못했다.

그럼에도 불구하고 해리엇은 대수학 부분의 원고에 독창적인 다항식 연구 결과를 남겼으며 저서 《해석학의 실제*Artis anayticae praxis*》(1631)에서는 a와 b의 곱을 ab, a의 제곱을 a^a, a의 세제곱을 a^{aa}로 표시해 나타냈다. 뿐만 아니라 크다를 뜻하는 기호로 $>$을, 작다를 뜻하는 기호로 $<$를 개발했다.

이와 같은 기호 사용은 해리엇이 다항식을 낮은 차수로 인수분해할 수 있는 곱으로 인식하는 계기가 되었다.

해리엇의 업적 중 대수학만큼 중요한 분야는 해양학에 대한 연구였다.

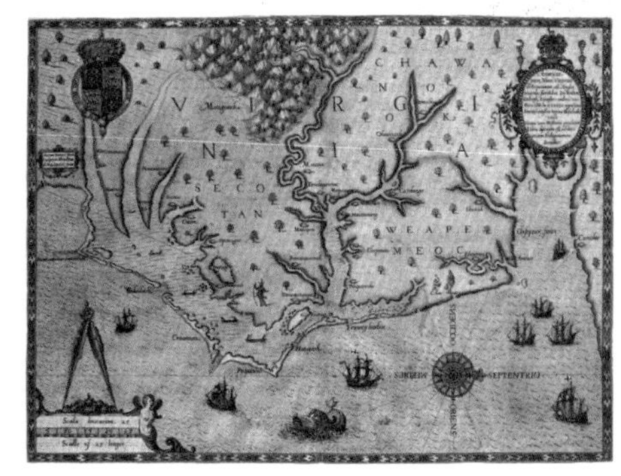
데브라이가 1590년 조각한 〈버지니아의 해안가〉. 해리엇의 1588년 책에 실렸다.

식민지 개척을 위한 항해를 준비하던 월터 롤리에게 고용된 해리엇은 안전하게 긴 항해를 할 수 있도록 천문학과 측량, 항해술에 대한 조언을 했다.

이 과정에서 연구하게 된 것이 유형 나선의 일종인 등각나선equiangular spiral이다.

평면 위의 정점 O에서 나간 모든 사선과 일정한 각 θ를 이루는 곡선을 등각나선이라고 하는데 로그나선, 등각스파이럴이라고도 한다.

등각나선은 나선의 중심을 기준으로 어디를 보아도 전체와 닮았다는 것이 특징이다.

ngc-2207 나선은하, 소라 등에서 발견되는 등각나선의 형태는 사슴의 뿔에서도 찾아볼 수 있다.

토머스 해리엇은 이 다각형을 동일한 각 θ로 잘라서 삼각형으로 재구성했다. 그리고 계속해서 그 삼각형을 잘라 붙여서 곡선의 길이를 구했다.

곡선의 길이를 구할 수 없다고 믿었던 당시 수학계에 놀라운 결과를 보여준 것이다. 그리고 이는 적분 계산과 닮은 방식을 취하고 있다.

월터 롤리는 해리엇에게 배에 일정한 모양으로 가장 많은 포탄을 쌓을 수 있는 방법이 무엇인지 질문하기도 했다. 이 문제

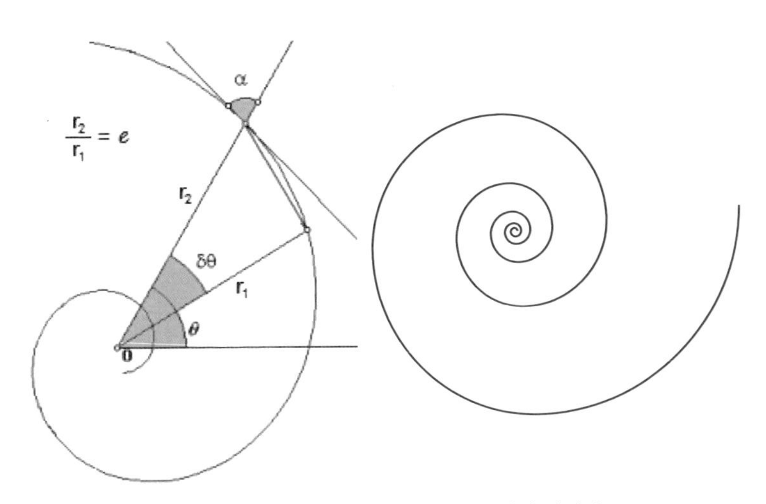

등각나선을 이와 같이 각이 같은 삼각형 형태로 세분화해 적분 계산하면 곡선의 길이를 구할 수 있다는 것을 해리엇은 증명했다.

해리엇의 로그나선 이미지.

를 풀기 위해 해리엇은 친구였던 케플러에게 도움을 요청했고 케플러는 빈틈을 최대한 줄여서 포탄을 가장 많이 쌓을 수 있는 방법을 찾아 일일이 실험해보았다고 한다. 이것이 바로 케플러의 추측이다.

가우스, 힐베르트, 라그랑주 등 수많은 수학 천재들이 도전했던 이 문제는 1998년이 되어서야 슈퍼컴퓨터를 이용해 토머스 해리스와 그의 제자가 증명해냈다. 하지만 수학적 증명을 완결하는 데에는 그로부터 10년이 더 걸렸다.

16

마랭 메르센

완전수 연구와 메르센 소수를 발견한

정수론의 아버지.

메르센 소수

2의 거듭제곱보다 1 작은 수를 말하며 공식은 다음과 같다.

$$M_n = 2^n - 1$$

완전수

자신을 뺀 모든 약수의 합이 원래의 수가 되는 자연수.

예 $6(=1+2+3)$

$28(=1+2+4+7+14)$

$496(=1+2+4+8+16+31+62+124+248)$

메르센 소수 발견자 메르센

프랑스의 수사였던 마랭 메르센은 유럽의 수학자들과 편지를 교환하며 의견 및 연구 내용 등을 서로에게 알리는 역할을 했다. 이는 당시 학술 잡지나 학회가 없던 유럽에서는 학자들 사이에서 연구 내용이 공유되고 의견이 교환되며 수학적 증명들을 검증하거나 발전하게 하는 순기능 역할을 했다. 페르마도 그 중 한 사람으로, 메르센과 페르마 그리고 다른 수학자들 사이의 편지는 특히 정수론 분야에 많은 진전이 이루어지도록 도왔다.

수사이면서 물리학자이자 수학자였던 메르센의 대표적인 업적으로는 음향학과 메르센 소수, 완전수에 대한 연구 등이 있다.

이 중에서도 메르센 소수는 현대사회에 중요한 위치를 차지하고 있다.

메르센 소수 중 3, 7, 31, 127는 이미 고대 그리스 수학자들이 발견한 수들이다.

메르센 소수와 완전수의 관계를 증명한 고대 수학자로는 유클리드가 있다. 그는 《기하학 원론》에서 메르센 소수 하나에 1을 더한 뒤 다시 그 메르센 소수를 곱하고 2로 나누면 짝수인 완전수가 된다는 것을 증명했다.

n이 1보다 큰 자연수일 때 2^n-1이 소수일지도 모른다고 생각했던 메르센은 1644년 n이 2, 3, 4, 7, 13, 19, 31, 67, 127, 257일 경우에만 2^n-1의 수가 소수가 된다고 결론지었다.

하지만 이것이 항상 성립하는 것은 아니었다.

메르센이 찾은 메르센 소수 중 2개는 메르센 소수가 아니었다. $2^{11}-1$과 $2^{67}-1$은 소인수분해가 되었다. 그리고 메르센 소수 3개가 빠져 있었다.

$2^{67}-1$이 메르센 소수가 아님을 증명한 이는 미국의 수학자 프랭크 콜이었다. 그가 $2^{67}-1$의 약수를 찾는 데는 3년 동안의 일요일들의 합의 시간이 걸렸다고 한다.

그리고 고대부터 연구되었던 메르센 소수임에도 10번째 메르센 소수 $2^{89}-1$은 20세기가 되어서야 발견되었다.

현재로는 메르센 소수는 51번째 메르센 소수로 추정되는

$M^{82589933}-1$이 발견된 상태이다. 무려 자릿수만 약 2486만 개다.

만약 메르센 소수를 찾고 싶다면 펜티엄급 컴퓨터를 가지고 GIMPS 회원에 가입하면 된다.

한 달 동안 간단한 테스트를 통과하면 가능하다. 소수를 찾는 프로그램으로는 https://www.mersenne.org에 들어가면 된다.

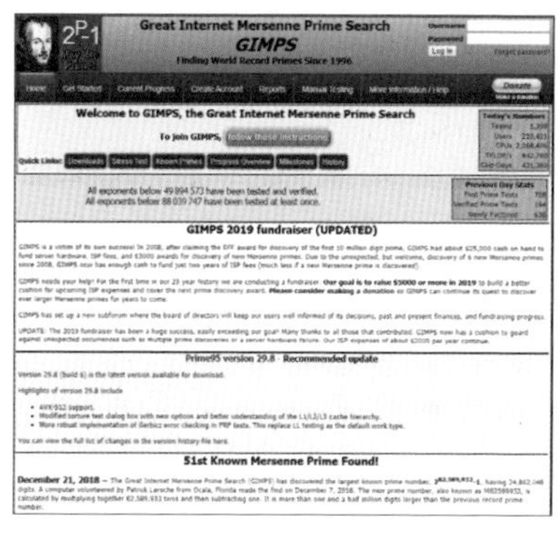

https://www.mersenne.org

그렇다면 수학자들은 왜 이런 일을 하는 걸까? 아무짝에도 쓸모없어 보이고 계산하는 데만도 수많은 시간이 걸리는 이런 숫자를 왜 찾는 걸까?

시작은 지적 호기심일 것이다. 인류는 어디에서 왔는지, 하늘의 별은 몇 개나 되는지, 일식과 월식은 왜 일어나는지, 번개가 치는 이유는 무엇인지 모든 것이 궁금했던 지적 호기심이 소수를 찾고 그 소수에서 다시 메르센 소수로 더 깊게 들어가며 궁금증을 해결하려고 했을 것으로 보인다. 그런데 컴퓨터와 인터넷 세상이 본격적으로 시작된 20세기를 넘어 이제 IT(정보기술), AI(인공지능)의 시대가 된 21세기에 암호학이 발전하면서 소수의 존재는 중요해졌다.

AI의 세계에 가까워질수록 보안의 문제는 중요해지고 있으며 이 분야에서 활약하고 있는 수학적 발견 중 하나가 메르센 소수이다.

시저 암호를 비롯해 인류와 함께 발전해왔던 암호는 인터넷의 세상이 되면서 해킹의 위험과 보안의 문제를 해결하기 위해 다양한 방식이 연구되고 있다. 현재 가장 활용이 많이 되는 암호는 RSA 암호 방식으로, 큰 자연수를 이용해 암호화한 정보를 풀기 위해서는 이 큰 자연수의 두 소인수를 구해야만 한다. 자릿수가 클수록 RSA 암호를 푸는 데는 시간이 많이 걸리며 소인수분해 방식을 모른다면 풀 수 없는 암호이다. 메르센 소수 등이 중요해지는 순간이다.

그리고 이론수학으로만 생각했던 정수론 분야가 실용성을 갖게 되는 순간이기도 하다.

수많은 과학자 수학자들의 발견을 거인의 어깨로 표현하고 그 거인의 어깨 위에서 세상을 봤다는 뉴턴의 명언이 납득되는 순간이다. 그리고 호기심 가득한 아마추어 수학자들도 메르센 소수를 발견하기 위해 뛰어드는 지적 호기심이 결코 학문으로만 끝나지 않는 지점이며 우리가 사는 세상이 수학의 세상인 이유이기도 하다.

17

존 네이피어

천문학적인 수 계산에 혁명을 이룬
로그의 발명으로 수학사와 과학사에
큰 발자취를 남긴 로그의 발명가.

존 네이피어의 로그표(일부)

Number	Log	Number	Log	Number	Log
1.000	0.00000000	1.026	0.01114736	1.052	0.02201574
1.001	0.00043408	1.027	0.01157044	1.053	0.02242837
1.002	0.00086772	1.028	0.01199311	1.054	0.02284061
1.003	0.00130093	1.029	0.01241537	1.055	0.02325246
1.004	0.00173371	1.030	0.01283722	1.056	0.02366392
1.005	0.00216606	1.031	0.01325867	1.057	0.02407499
1.006	0.00259798	1.032	0.01367970	1.058	0.02448567
1.007	0.00302947	1.033	0.01410032	1.059	0.02489596
1.008	0.00346053	1.034	0.01452054	1.060	0.02530587
1.009	0.00389117	1.035	0.01494035	1.061	0.02571538
1.010	0.00432137	1.036	0.01535976	1.062	0.02612452
⋮	⋮	⋮	⋮	⋮	⋮
9.10	0.9590414	9.48	0.9768083	9.86	0.9938769
9.11	0.9595184	9.49	0.9772662	9.87	0.9943172
9.12	0.9599948	9.50	0.9777236	9.88	0.9947569
9.13	0.9604708	9.51	0.9781805	9.89	0.9951963
9.14	0.9609462	9.52	0.9786369	9.90	0.9956352
9.15	0.9614211	9.53	0.9790929	9.91	0.9960737
9.16	0.9618955	9.54	0.9795484	9.92	0.9965117
9.17	0.9623693	9.55	0.9800034	9.93	0.9969492
9.18	0.9628427	9.56	0.9804579	9.94	0.9973864
9.19	0.9633155	9.57	0.9809119	9.95	0.9978231
9.20	0.9637878	9.58	0.9813655	9.96	0.9982593
9.21	0.9642596	9.59	0.9818186	9.97	0.9986952
9.22	0.9647309	9.60	0.9822712	9.98	0.9991305
9.23	0.9652017	9.61	0.9827234	9.99	0.9995655

로그의 발명가 네이피어

우리는 복잡한 계산을 하기 위해 컴퓨터나 계산기를 이용한다. 아무리 큰 수를 곱하거나 나누는 것도 컴퓨터나 계산기를 이용하면 쉽게 할 수 있다. 그렇다면 과거에는 어떻게 계산했을까? 특히 천문학과 물리가 비약적으로 발전하면서 복잡하고 큰 수를 계산해야 했던 15세기 이후부터는 어떻게 계산이 가능했을까?

이에 대한 문제를 해결한 것이 바로 스코틀랜드 출신의 수학자인 존 네이피어다. 존 네이피어는 로그법logarithms을 발명해 천문학을 비롯해 수학, 물리 분야의 천문학적인 계산들을 더 간편하고 빠르게 계산할 수 있도록 해준 것이다.

부유한 귀족 가문에서 태어나 당시 관습대로 유럽을 여행하며 교육받았던 네이피어는 신학과 수학을 공부하기 위해 1563년 세인트앤드루스 대학에 입학했다.

그곳에서 그는 신학과 수학을 공부하면서 틈틈이 유럽 대륙을 방문해 천문학과 점성술 등에도 관심을 가지는 한편 최신 학문에 대해서도 공부했다. 천문학에 대한 관심은 천문학적인 계산을 빠르고 쉽게 계산할 경제적인 계산법의 필요성을 절감하게 했다.

한편 탄광에 고이는 물을 제거하기 위한 수력 프로펠러를 만들고 탱크, 잠수함, 기관총에 대한 설계도를 제작하거나 유럽에서 배운 점성술을 활용해 예언을 하는 등의 기행도 보여 사람들은 그를 '마법사'로 부르기도 했다.

하지만 독실한 청교도인이었던 네이피어는 종교개혁에도 적극적으로 참여하는 등의 행보로 종교적 논쟁에 휘말리면서 지친다. 마음을 치유하는 방법으로 수학 연구에 몰두했다고 한다.

과거 천문학 연구에서 간단하고 편리한 계산법의 필요성을 느꼈던 네이피어는 복잡한 계산을 간편하게 수행하기 위해서 곱셈을 덧셈으로 바꾸는 방법을 연구하기 시작했다.

그리고 만든 것이 로그법이라고 부르며 만든 로그표이다. 이는 1614년 《경이로운 로그 법칙의 기술 *Mirifici logarithmorum canonis descriptio*》이란 제목으로 세상에 선보였다.

네이피어는 이 책의 서문에 로그표를 이용하면 공간에서의 모든 기하학적 크기와 운동에 대한 계산이 쉽고 빠르고 간편하게 이루어진다고 자신했다.

MIRIFICI

Logarithmorum
Canonis deſcriptio,

Ejuſque uſus, in utraque *Trigonometria; ut etiam in* omni Logiſtica Mathematica, *Ampliſſimi, Facillimi, & expeditiſſimi explicatio.*

Authore ac Inventore,
IOANNE NEPERO,
Barone Merchiſtonii,
&c. Scoto.

EDINBURGI,
Ex officinâ ANDREÆ HART
Bibliopolæ, CIↃ. DC. XIV.

《로그법칙》 표지.

수학자 헨리 브리그스Henry Briggs는 이런 네이피어의 로그법에 큰 관심을 가지고 직접 그를 만나 기존의 로그보다 밑을 10으로 하는 로그가 더욱 실용적임을 제안했다.

네이피어와 브리그스는 함께 연구를 시작해 1617년 우리가 알고 있는, 밑을 10으로 하는 로그표의 원형을 만드는 데 성공했지만, 그 해 네이피어는 67세를 끝으로 사망했다.

1619년 네이피어의 아들인 로버트Robert Napier는 아버지의 연구를 《경이적인 로그법칙의 구조*Mirifici logarithmorum canonis constructio*》란 제목으로 출간했다. 그리고 1624년 브리그스는 밑을 10으로 하는 로그법은 완성해 '브리그스의 로그' 혹은 '상용로그'로 부르게 되었다.

계산표와 소수표기법에 남긴 네이피어의 업적

네이피어는 계산표와 소수표기법에도 중요한 업적을 남겼다. 그는 '네이피어의 막대Napier's bones' 또는 '네이피어 계산표'로 부르는, 큰 수의 곱셈을 매우 쉽게 계산할 수 있는 도구를 제안하고 1617년 《막대를 이용한 계산법 2편*Rabdologiæ seu Numerationis per Virgulas libri duo*》에서 그 사용법을 설명했다.

곱셈을 쉽게 할 수 있는 네이피어의 계산표 세트(네이피어 막대 세트).

네이피어 막대와 곱셈 계산표들.

또한 이 책에서는 숫자에 소수점을 최초로 사용해 오늘날 우리가 사용하고 있는 소수표기법을 제안했다. 네이피어의 연구로 지금 우리는 소수를 간편하게 표기할 수 있게 된 것이다.

전자 계산기의 등장은 1940년대이며 그전에는 계산자를 통해 곱셈을 쉽게 계산할 수 있었다. 아폴로 달 탐사 때 나사에서 오른쪽과 같은 계산자 또는 로그자를 이용했다.

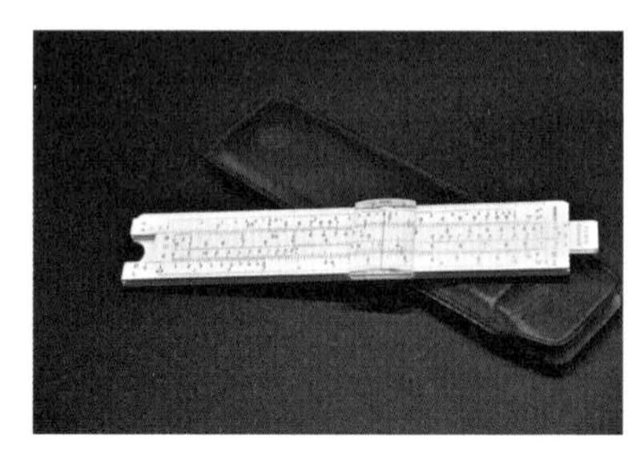

계산자는 직접 만들거나 구입해서 사용 가능하다.

18

헨리 브리그스

상용로그의 개발자인

영국의 수학자이자 천문학자.

상용로그

우리는 현재 십진법을 사용한다. 로그 중에서 10을 밑으로 하는 로그를 상용로그라고 한다.

나타내는 방법은 다음의 두 가지가 있다.

- 진수 N에 대하여 $\log_{10}N$
- 밑을 생략했을 때 $\log N$

상용로그의 개발자 브리그스

로그는 천문학, 과학, 다양한 분야의 공학에서 가장 많이 활용하고 있다. 그중에서도 특히 양이 크게 변하는 분야에서 많이 쓰이는데 별의 밝기를 나타내는 천문학적 눈금이나 소리의 크기를 나타내는 데시벨 수치가 모두 로그 값이다. 복잡한 단위의 계산을 간편하게 할 수 있기 때문에 존 네이피어의 로그표와 발명품인 계산자 등이 학자들에게 알려지게 되었다.

그런데 로그는 일상생활과도 밀접하게 관련되어 있다. 달팽이 껍질의 로그나선이나 해바라기 씨가 보여주는 로그 수열에서도 찾아볼 수 있으며 또 박테리아의 성장과 방사능 물질의 붕괴에서도 자연로그가 나타난다. 우리가 마시는 맥주 거품이 엄격한 수학 규칙에 따라 사라진다고 하면 믿을 수 있겠는가?

어딘가에서 자연재해 또는 산불이나 기름 유출 사고가 일어났다면 재해가 퍼지는 속도와 넓이를 구해 어떻게 대비하고 복구할 것인지에 대한 계산 등에도 로그를 이용한다.

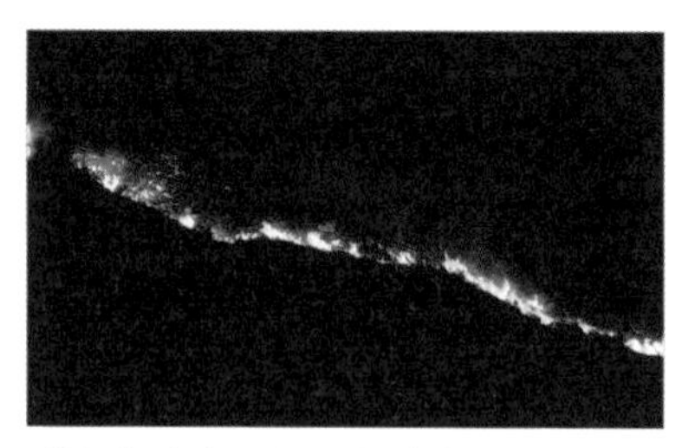
산불이 퍼지는 속도와 넓이를 구해 복구 대비를 할 때 로그를 이용한다.

그리고 이런 로그를 제안하고 발전시킨 수학자가 바로 존 네이피어이다.

헨리 브리그스는 누구보다도 로그의 중요성을 깨닫고 존 네이피어에게 10을 밑으로 하는 상용로그의 개념을 제안했다.

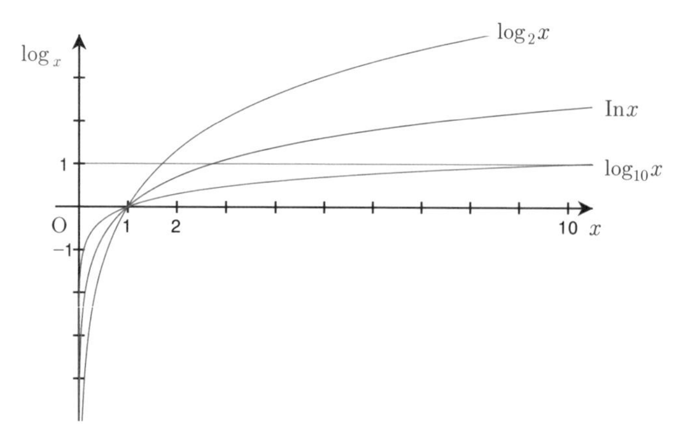

이진로그, 상용로그, 자연로그 그래프. 붉은 색은 밑이 e, 초록색은 밑이 10, 보라색은 밑이 2이다. 밑 값에 상관없이 모든 로그곡선은 (1, 0)을 지난다.

로그의 대표적인 발견자 또는 연구자로는 존 네이피어, 헨리 브리그스, 요스트 뷔르기Jost Bürgi를 꼽을 수 있으며 네이피어는 자연로그를, 브리그스는 상용로그를, 뷔르기는 지수에서 발견한 로그를 주로 연구했다.

브리그스는 존 네이피어가 상용로그보다는 자연로그 연구에 치중하자 두 번이나 찾아가 상용로그를 설명하고 결국 공동연구를 시작했다. 그리고 그 결과를 1624년 《로그산술*Arithmetica Logarithmica*》에 담아 출판했다.

이 책에는 1부터 2만까지, 9만부터 10만까지의 14자리 대수가 실려 있다.

HENRICI
BRIGGII
CANON
LOGARITHMORUM
PRO NUMERIS
SERIE NATURALI
CRESCENTIBUS
AB I. AD 20000.

VIENNÆ AUSTRIÆ.

TYPIS JOANNIS THOMÆ TRATTNER, CÆS. REG. MAJ. AULÆ BIBLIOPOLÆ, ET UNIVERSIT. TYPOGRAPHI.

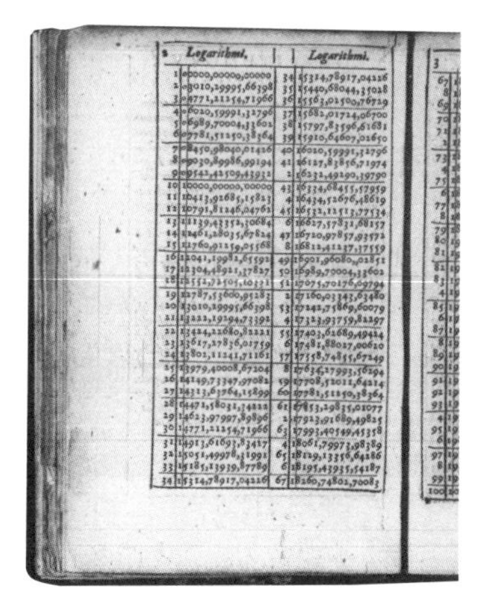

헨리 브리그스의 공통 로그표(Logarithmorum Chilias Prima) 의 표지와 본문 중 일부. 0부터 67에서 14자리 숫자 10의 기본 로그를 표로 작성한 것으로 영국 박물관에 보관되어 있다(1617년판).

19

피에르 드 페르마

현대 정수론 및 확률론의 아버지

그리고 '페르마의 마지막 정리'로

수학자들을 괴롭혔던 아마추어 천재 수학자.

페르마의 마지막 정리

n이 2보다 큰 정수일 때,

$x^n + y^n = z^n$을 만족하는

양의 정수 x, y, z는 존재하지 않는다.

취미로 수학을 한 천재 수학자 페르마

1601년 프랑스의 보몽 드 로마뉴에서 부유한 피혁 상인의 아들로 태어난 페르마는 법학을 공부해 변호사가 되었다. 또한 지방의회의 의원이 되어 평생 그 직업에 종사하며 취미로 수학을 연구한 아마추어 수학자이기도 하다. 즉 페르마는 뛰어난 수학자였지만 그의 정식 직업은 변호사로, 수학은 그저 페르마의 행복한 취미생활이었을 뿐이다.

그런 그가 근대 정수론의 시작을 열고 미적분학에 사용하는 핵심 아이디어를 제공했으며 좌표기하학의 확립에 기여하는 등 수학사에 큰 공헌을 한 최고의 수학자 중 한 명이라는 사실이 재미있다.

변호사로 일하며 의원직에 재직하고 있던 페르마는 여유시간에 자신이 연구했던 수학적 이론들을 메르센, 파스칼, 마르텡 등 당시 유명한 수학자들에게 편지로 보내는 것이 취미였다고 한다.

파스칼과 6개월 동안 주고받은 편지에는 다양한 게임들을 분석할 수 있는 수학적 방법들이 담겨 있는데 이는 확률론의 기본 개념을 체계화시키는 과정이었다.

이들의 이론은 독일 수학자 호이겐스의 저서에 담겨 17세기 후반까지 확률론의 교재로 사용되었다.

하지만 페르마의 편지 대부분에는 증명 과정은 생략한 채 정리만 담긴 경우가 많았기 때문에 수학자들은 페르마가 증명했다는 정리들이 정말 증명한 것인지 다시 연구해야만 했다.

이 과정에서 수많은 수학자들이 새로운 수학적 연구 성과들을 발표하며 수학사의 발전에 한몫했다.

수학자들의 페르마의 마지막 정리를 증명하기 위한 도전은 19세기 대수적 수론을 발전시켰고 20세기에는 모듈러성 정리의 증명을 이뤄냈다.

이처럼 취미로 수학을 연구했던 페르마가 편지나 당시 보던 책 또는 노트에 적어놓은 주장들 또는 이론이나 추측들은 수학자들의 골칫거리인 동시에 연구 과제가 되어 증명되거나 반박되는 동안 인류 역사를 발전시키는 역할을 하는 아이러니함을 보여준다.

수학자들이 도전했던 페르마의 정리들

페르마의 이름이 붙어 수많은 수학자들이 도전했던 대표적인 이론들은 다음과 같다.

페르마의 소정리

페르마의 소정리란 수론에서 어떤 수가 소수이기 위한 간단한 필요조건에 대한 정리를 말한다. 페르마의 소정리 역시 페르마는 언급만 했을 뿐 증명 과정을 보여준 것은 아니다.

고트프리트 라이프니츠.

페르마의 소정리를 증명해 기록으로 남긴 최초의 수학자는 고트프리트 라이프니츠이다.

페르마의 소정리를 소개하면 다음과 같다.

- p가 소수이고, a가 정수일 때 페르마의 소정리에 따르면, 법 p에서 ap와 a는 서로 합동이다.

  $$a^p \equiv a \pmod p$$

- 위 식은 $p|a$일 때만 성립한다. 만약 $p \nmid a$이라면 양변을 약분해 다음과 같이 쓸 수 있다.

  $$a^{p-1} \equiv 1 \pmod p \ (a \neq 0)$$

- 이는 모든 소수가 만족시키는 필요조건이지만 충분조건은 아니다. 즉 페르마의 소정리에 나타난 합동식을 만족하는 수가 반드시 소수인 것은 아니다.

  $$a^{b-1} \equiv 1 \pmod b$$

  위의 공식을 만족하면서 소수가 아닌 b를, a를 밑수로 하는 카마이클 수라고 한다.

페르마의 두 제곱수 정리

페르마의 두 제곱수 정리는 4로 나눈 나머지가 1이 되는 소수 p에 대하여, 적당한 두 자연수 a, b가 존재하여 $p=a^2+b^2$을 만족하는 정리이다.

- 홀수인 소수 p가 주어졌을 때 페르마의 두 제곱수 정리에 따르면, 다음 두 조건이 서로 동치이다.

  - $p=x^2+y^2$인 정수 x, y가 존재한다.
  - $p\equiv 1 \pmod 4$

페르마의 다각수 정리 Fermat polygonal number theorem

임의의 자연수는 아무리 많아도 n개의 n각수의 합으로 표현할 수 있다는 정리이다.

페르마는 다각수 정리도 증명 없이 내용만 써서 보냈는데 후에 증명한 것을 보여주겠다고 했지만 약속은 지켜지지 못했다. 따라서 이 문제 역시 많은 수학자들의 도전 과제가 되어 연구가 이루어졌고 그중 사각수는 1170년 조제프 루이 라그랑주가 증명에 성공했다. 1796년에는 카를 프리드리히 가우스가 삼각수를 증명했고 마지막으로 다각수에 대해 증명은 1813년 오귀스탱 루이 코시가 성공했다.

- 임의의 자연수는 많아야 n개의 n각수의 합으로 표현 가능하다.

  예를 들어 임의의 자연수는 많아야 3개의 삼각수 혹은 5개의 오각수 등의 합으로 표현 가능하다.

페르마의 원리

페르마의 원리Fermat's principle는 빛이 두 점 사이를 진행할 때에는 무수히 많은 경로들 중 최단 시간으로 이동할 수 있는 가장 짧은 경로를 따르는 원리이다.

페르마의 원리를 통해 직진성, 반사의 법칙, 굴절의 법칙 등을 검증함으로써 빛의 굴절 법칙을 유도할 수 있다.

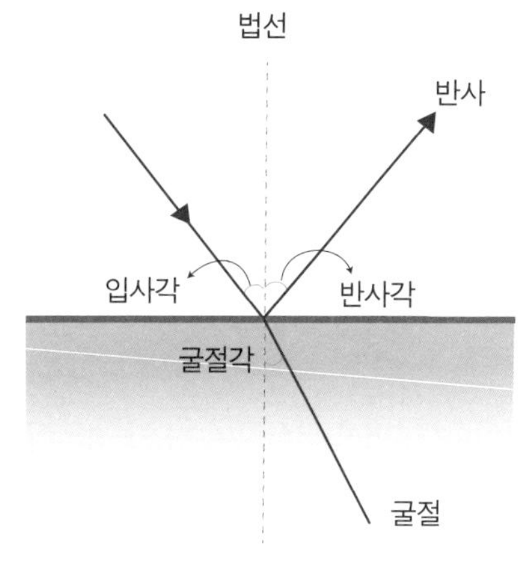

빛의 굴절 법칙.

페르마의 마지막 정리

1637년 페르마는 1621년 출간된 디오판토스의《산법 *Arithmetica*》의 여백에 $n>2$일 때 방정식 $x^n+y^n=z^n$이 정수해를 갖지 않는다는 놀라운 증명을 했지만 여백이 너무 좁아 증명을 적을 수가 없다는 말을 남겼다.

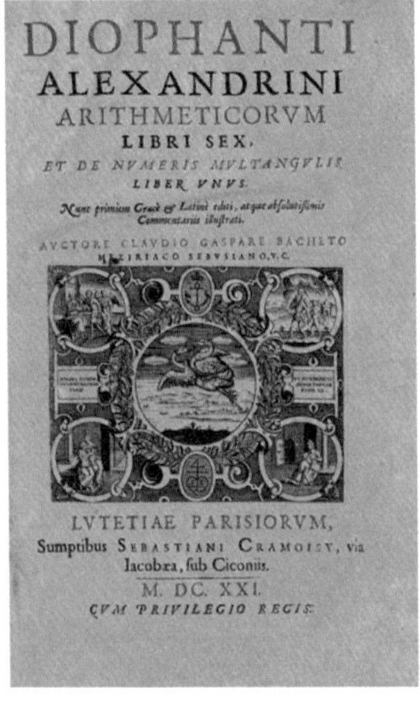
DIOPHANTI
ALEXANDRINI
ARITHMETICORVM
LIBRI SEX,
ET DE NVMERIS MVLTANGVLIS
LIBER VNVS.
Nunc primum Græcè & Latinè editi, atque absolutissimis Commentariis illustrati.
AVCTORE CLAVDIO GASPARE BACHETO MEZIRIACO SEBVSIANO, V.C.

LVTETIAE PARISIORVM,
Sumptibus SEBASTIANI CRAMOISY, via Iacobæa, sub Ciconiis.
M. DC. XXI.
CVM PRIVILEGIO REGIS.

디오판토스의《산법》.

Arithmeticorum Liber II. 61

IN QVÆSTIONEM VII.

QVÆSTIO VIII.

OBSERVATIO DOMINI PETRI DE FERMAT.

QVÆSTIO IX.

페르마가 마지막 정리를 메모했던 디오판토스의《산법》본문.

페르마의 마지막 정리는 페르마가 사망하자 그의 아들인 클레망 사무엘이 페르마의 자료를 정리하다 발견해《페르마의 주석이 달린 디오판토스의 아리스메티카 *Diophantus' Arithmetica Containing*

Observations by P. de Fermat》로 출간하면서 수학자들에게 알려졌다.

1659년 페르마는 $n=4$인 경우의 증명을 호이겐스에게 보냈는데 이보다 큰 수들에 대한 증명은 남아 있지 않아 350여 년 동안 수많은 수학자들이 이를 증명하기 위해 노력했다.

미해결 문제로 유명했던 페르마의 마지막 정리는 358년이 지난 1995년 영국의 수학자 앤드루 와일즈가 증명하면서 기네스북에 가장 어려운 수학 문제의 증명으로 올라갔다.

하지만 앤드루 와일즈가 증명한 수학적 방법에는 현대 수학을 비롯해 페르마가 살던 시대 이후에 발견한 것들이 활용되었다. 그래서 과연 페르마가 정말 증명을 해냈는지에 대해 여전히 의문을 갖는 수학자들도 있다.

페르마의 마지막 정리가 적힌 동상 앞에 선 앤드루 와일즈.

어쩌면 페르마는 앤드루 와일즈와는 다른 방법으로 증명했거나 증명에 실패했을지도 모른다.

20

블레즈 파스칼

최초의 기계식 계산기 '파스칼 라인'을 만든

발명가이자 과학자이며 수학자.

톡톡 포인트

파스칼의 정리

평면 위에 있는 여섯 점이 같은 원뿔 곡선 위에 있으면, 이 여섯 점으로 이루어진 육각형의 대변을 연장한 교점은 같은 직선 위에 있으며, 그 역도 성립한다. 이 육각형을 파스칼의 육각형, 파란색 직선을 파스칼 직선이라고 한다.

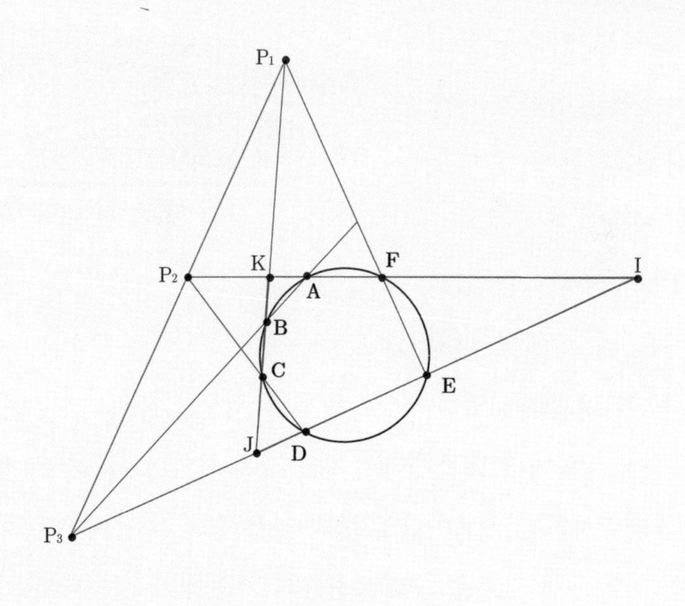

게임이론과 의사결정이론의 기초를 세운 파스칼

파스칼의 이름을 듣고 유체역학의 법칙이 떠오른다면 과학에 흥미를 가진 사람일 것이다.

그런데 사실 파스칼의 업적은 이 외에도 다양한 분야에서 발휘되었다.

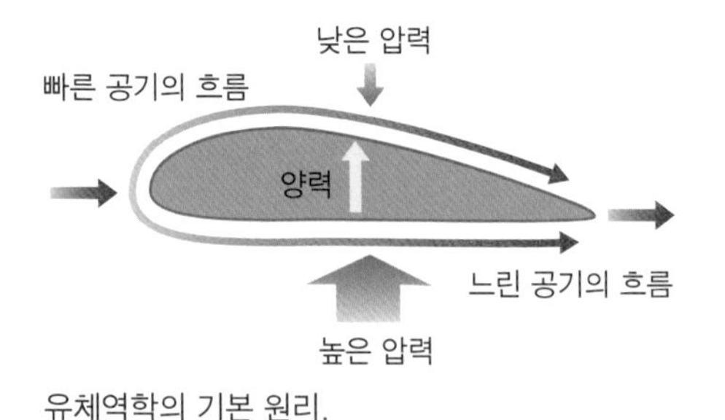

유체역학의 기본 원리.

부유한 집안에서 태어나 법률가의 길을 걸었던 파스칼은 같은 직업에 종사하던 페르마와의 편지를 통해 정립한 이론과 삼각형에 대한 분석 결과를 더해 확률론의 기초를 세운 수학자이다.

수학을 좋아했지만 몸이 약해 파스칼의 아버지는 그가 수학을 공부하지 않기를 바랐다. 하지만 결국 아들의 뛰어난 재능을 인정하게 되면서 메르센의 자택에서 열리는 과학자들과 수학자들의 모임에 같이 참석할 정도로 지지했다고 한다.

아버지의 지원 속에서 자란 파스칼은 후에 파스칼의 정리로 알려진 사형기하학의 원리를 개요서 한 장에 담아 이 모임에 보냈다.

이는 고전기하학부터 그때까지 알려진 사영기하학을 연구한 수많은 수학자들의 정리들을 서로 연결시켜주는 역할을 하는 매우 중요한 성과였다.

16살 때 파스칼은 원뿔의 절단면에 내접하는 육각형, 즉 원, 타원, 포물선, 쌍곡선 위에 6개의 점들이 놓여 있다면 육각형의 마주 보고 있는 변들끼리 교차하면서 생긴 3개의 점은 육각형의 파스칼 직선으로 알려진 직선 위에 놓이게 되는 것을 증명했다. 다음 그림에서 파란 직선은 파스칼 직선이다.

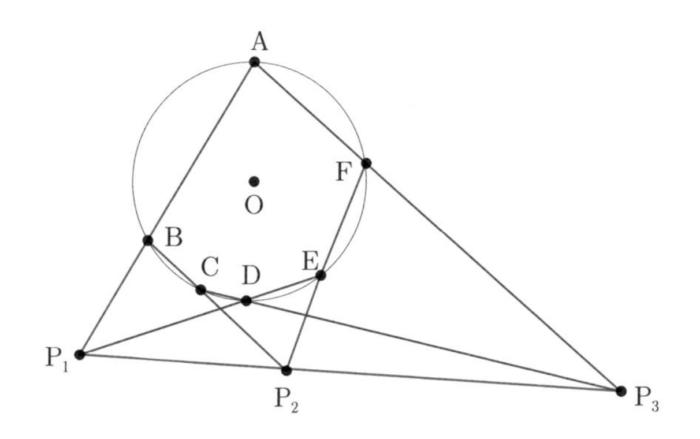

1640년 아버지가 세무공무원이 되어 루앙으로 이사한 뒤 아버지의 일을 지켜보던 파스칼은 수많은 연산과정을 좀 더 정확하고 쉽게 할 수 있는 방법을 연구해 덧셈과 뺄셈이 가능한 기계를 설계했다. 최초의 상업적 계산 기계 파스칼리느(파스칼 라인이라고도 한다)였다.

파스칼리느(또는 파스칼 라인).

그리고 왕실로부터 독점 판매권을 허락받았지만 너무 높은 가격 때문에 상업적으로 성공하지는 못했다.

다음으로 그가 관심을 가진 것은 진공이 존재하는지에 대한 실험이었다.

몇 년의 연구 끝에 파스칼은 유체역학의 법칙을 자세히 설명하는 논문을 발표하고 공기 압력의 효과를 기록했다.

이처럼 과학과 발명에 관심을 가지고 있던 파스칼에게 수학에 대한 흥미를 다시 불러일으킨 것은 도박에 대한 조언을 요청받으면서부터였다.

실력이 똑같은 두 사람이 5판 승부를 하기로 했지만 그 전에 게임을 그만두게 된다면 내기에 건 돈은 어떻게 나누는 것이 옳은지에 대한 질문이었다.

파스칼은 이 문제를 해결하기 위해 페르마에게 편지를 썼고 두 사람은 6개월간 편지를 주고받으며 승부를 가릴 수 있는 다양한 수학적 방법들에 대한 의견을 나누었다. 그리고 이를 통해 두 사람은 확률론의 기본 개념을 다질 수 있었다.

파스칼은 이 과정에서 산술삼각형에서 양의 정수들의 배열에 특히 관심을 갖게 되었다.

수평열 →

수직열 ↓

1	1	1	1	1	1	1	1	1	1
1	2	3	4	5	6	7	8	9	
1	3	6	10	15	21	28	36		
1	4	10	20	35	56	84			
1	5	15	35	70	126				
1	6	21	56	126					
1	7	28	84						
1	8	36							
1	9								
1									

파스칼은 파스칼의 삼각형으로 알려진 산술삼각형의 수평열과 수직열에 놓인 수들 사이의 관계를 연구했다.

이 연구는 페르마와 주고받으며 토론한 이론들과 함께 확률이론의 기초가 되었으며 현대 수학의 분야인 게임이론과 의사결정이론의 바탕이 되었다. 또 말년에 관심을 가졌던 사이클로이드를 이용한 적분법 역시 수학사에 중요한 발자취를 남겼다.

마차 사고로 잠시 종교와 철학에 관심을 돌리기도 했고 너무 많은 재능을 가지고 있어 다양한 분야에 관심을 가졌던 파스칼이 만약 한 분야만 팠다면 그 분야의 발전은 달랐을 것이라고 학자들은 말한다. 그럼에도 그가 세상을 떠난 후 남긴 철학, 윤리, 종교와 관련된 기록들을 모아 출간된 《명상록(보통 팡세로 알려져 있다)》 역시 높은 평가를 받을 정도로 그의 천재성은 다방면에서 나타났다.

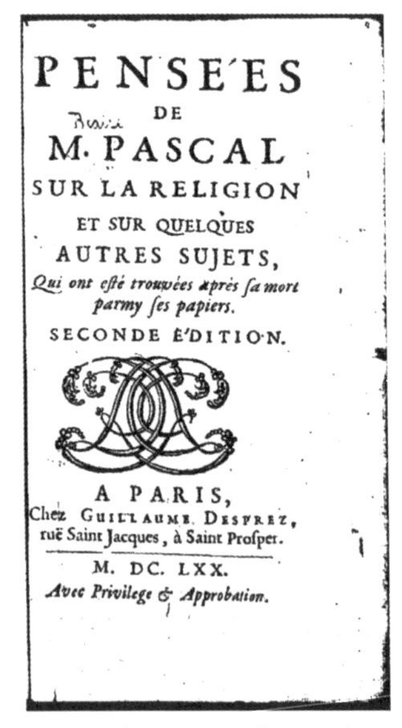
PENSÉES
DE
M. PASCAL
SUR LA RELIGION
ET SUR QUELQUES
AUTRES SUJETS,
Qui ont eſté trouvées aprés ſa mort parmy ſes papiers.
SECONDE ÉDITION.

A PARIS,
Chez GUILLAUME DESPREZ,
ruë Saint Jacques, à Saint Proſper.
M. DC. LXX.
Avec Privilege & Approbation.

1670년 《팡세(명상록)》 앞표지.

21

아이작 뉴턴

세계 3대 수학자이자 과학자.
중력(만유인력)의 법칙과 운동법칙을
남긴 고전 물리학의 정립자.

뉴턴의 제1법칙: 관성의 법칙

정지하고 있는 물체는 계속 정지 상태를 유지하며 운동하는 물체는 힘이 가해지지 않는 한 일정한 속도를 계속 유지하려고 한다.

뉴턴의 제2법칙: 가속도의 법칙

어떤 물체에 힘을 가하면 그 물체는 힘이 작용하는 방향으로 힘의 세기에 비례해서 가속한다.

$$F = m\frac{\Delta v}{\Delta t} \quad (F\text{: 힘, } m\text{: 질량, } a\text{: 가속도})$$

뉴턴의 제3법칙: 운동량 보존의 법칙

어떤 물체에 미치는 힘은 항상 상호적이다. 즉 모든 작용에는 크기가 같고 방향이 반대인 반작용이 항상 존재한다.

중력의 법칙

만물은 다른 모든 물체를 끌어당긴다는 만유인력의 법칙으로 발표되었지만 현재는 중력의 법칙으로 소개하고 있다.

$$F = G \times \frac{m \times M}{r^2}$$

(G: 우주상수, M, m: 질량이 서로 다른 두 물체, r: 거리)

과학 · 수학 분야에 수많은 업적을 남긴 천재 중의 천재

우리는 흔히 뉴턴을 나무에서 떨어진 사과나무를 보고 중력의 법칙을 발견한 물리학자로 알고 있다. 그런데 사실 뉴턴은 위대한 수학자이기도 하다.

그는 수많은 과학자, 수학자들 사이에서도 손에 꼽히는 천재성을 보여주었는데 그중에서도 미적분학, 광학, 중력 분야의 연구는 독보적이다.

뉴턴은 부유한 농가에서 태어났지만 곧 아버지를 잃고 어머니가 재혼하자 외조모의 보살핌 속에서 자랐다. 그의 어머니는 재혼한 남편이 사망하자 다시 돌아와 뉴턴에게 농장 일을 하도록 했지만 뉴턴은 법학을 공부하기 위해 케임브리지 대학으로 떠났다.

그곳에서 뉴턴은 철학과 과학, 수학에 흥미를 갖게 되면서 장학금을 받으며 학업에 열중하다가 1665년 페스트가 발발하자 16개월 동안 문을 닫은 대학에 남아 있을 수가 없어 고향인 울즈소프로 돌아왔다.

그리고 이곳에서 빛과 중력에 대한 이론, 미적분학 등 인류의 역사에 큰 발자취를 남기는 연구를 하게 되었다.

1667년 케임브리지 대학이 다시 문을 열자 학교로 돌아온 뉴턴은 트리니티 칼리지의 특별연구원으로 선정되어 장학금을 받으며 지내게 되었다. 그런데 특별연구원은 미혼이어야만 자격이 유지된다고 한다.

1669년 케임브리지 대학의 2대 루커스 석좌교수로 임명된 후 뉴턴은 열정적으로 광학, 대수학, 역학, 중력, 정수론 등을 연구하며 특별연구원과 루커스 수학 석좌 교수로 32년간 재직했다. 이 기간 동안 뉴턴은 수많은 학문적 업적을 이루었지만 강의에는 소질이 없었는지 강의 시작 후 15분이 지나면 학생들 대부분이 자리를 비웠다고 한다.

뉴턴의 수학 · 과학 분야의 중요 업적

뉴턴은 수학과 과학 분야에 수많은 업적을 남겼는데 그중 몇 가지만 소개하면 다음과 같다.

그가 곡선 $y=(1-x^2)^{\frac{1}{2}}$ 에서 오른쪽 그림과 같은 면적에 대응하는 다항식을 연구하면서 발견한 멱급수로 불리는 무한합은 여러 가지 수학적 개념의 발견에 큰 역할을 했다. 이 연구에서는 일반적인 이항정리의 발견도 함께 함께 이루어졌다.

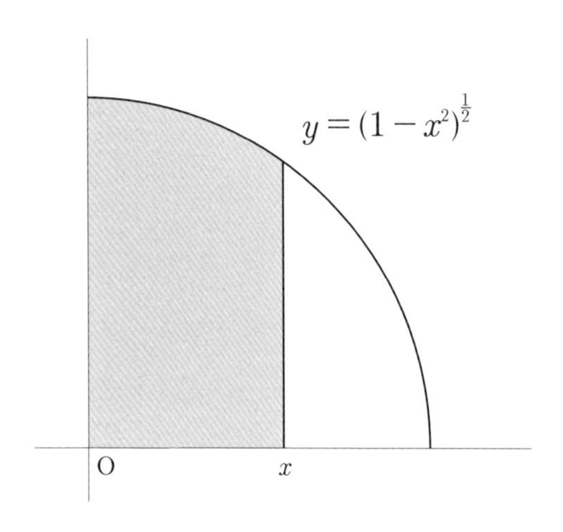

뉴턴이 1671년 발표한 유율법과 무한급수에 대한 논문에는 미분과 적분의 계산이 서로 역의 관계에 있다는 사실이 담겨 있다.

당시 독일의 수학자 라이프니츠 역시 독자적으로 미적분학을 연구해 독일 수학 잡지에 발표했는데 뉴턴의 연구 자료를 본 영국 수학학회 회원들은 라이프니츠가 뉴턴의 연구를 훔쳤다고 비난했다.

라이프니츠가 뉴턴의 연구를 훔쳤는지에 대한 논쟁은 18세기 후반까지 계속되다가 현재는 각각 독자적으로 연구했으며 두 수학자 모두 미적분학의 창시자로 인정받고 있다.

뉴턴의 수많은 논문과 저서 중 《프린키피아》(1687)와 《광학》(1704)은 특히 과학사에 미친 영향이 크다.

《자연철학의 수학적 원리*Philosophiae naturalis principia mathematica*》로 전3권으로 출간되었던 《프린키피아》는 주석을 추가해 개정판으로 재출간되었다.

이 책에는 고전역학의 기초를 이루는 뉴턴의 운동법칙, 중력법칙, 케플러의 행성 운동에 관한 3가지 법칙이 설명되어 있다.

《프린키피아》 제1권은 마찰이 없을 때의 물체의 운동을 다루고 있다.

PHILOSOPHIÆ
NATURALIS
PRINCIPIA
MATHEMATICA.

IMPRIMATUR.
S. PEPYS, Reg. Soc. PRÆSES.

LONDINI,

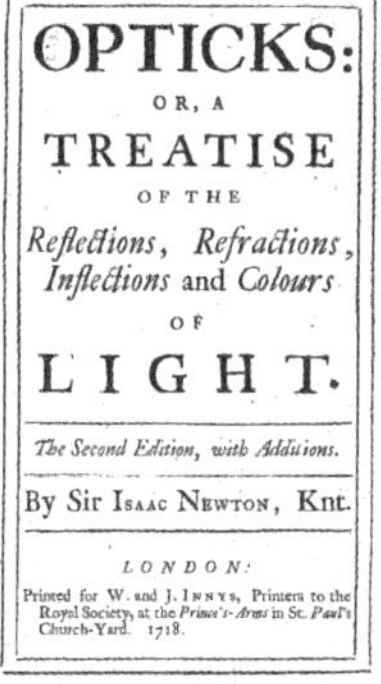

OPTICKS:
OR, A
TREATISE
OF THE
Reflections, *Refractions*, *Inflections* and *Colours*
OF
LIGHT.

The Second Edition, with Additions.

By Sir Isaac Newton, Knt.

LONDON:
Printed for W. and J. Innys, Printers to the Royal Society, at the *Prince's-Arms* in St. *Paul's* Church-Yard. 1718.

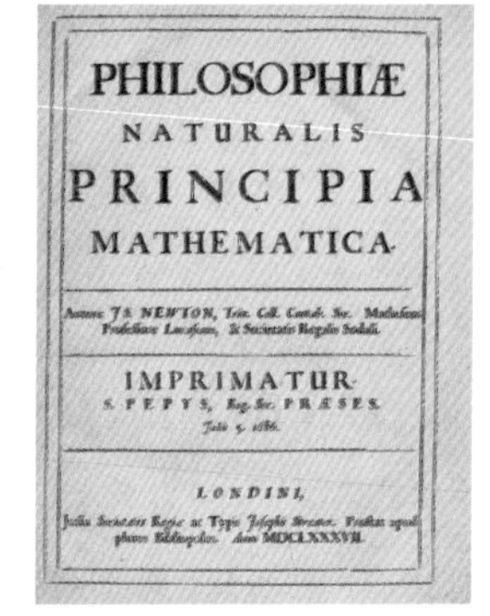

PHILOSOPHIÆ
NATURALIS
PRINCIPIA
MATHEMATICA.

IMPRIMATUR.
S. PEPYS, Reg. Soc. PRÆSES.

LONDINI,

《프린키피아》《광학》《자연철학의 수학적 원리》 속표지 이미지.

《프린키피아》 제2권은 저항력 또는 마찰 운동을 다루고 있다. 이 안에는 공기저항에 대한 실험과 파동에 대한 내용도 담겨 있다.

《프린키피아》 제3권은 중력 법칙을 다루고 있다.

뉴턴의 중력 법칙은 지금은 당연하게 받아들여지지만 당시에는 많은 비판을 받았다. 이에 대해 뉴턴은 개정 2판에서 중력의 존재를 가정해 천체 운동을 설명함으로써 반박했다. 그리고

코페르니쿠스의 업적을 기념하는 우표. 뒷배경에 코페르니쿠스의 지동설 이미지가 보인다.

그의 중력 법칙은 18세기 말에서야 과학계에 정설로 받아들여졌다.

《프린키피아》에 담긴 뉴턴의 이론은 코페르니쿠스의 지동설이 가진 문제점과 케플러의 행성의 타원궤도에 대한 답을 제시하는 등 과학사에 매우 중요한 역할을 했다. 또한 역학의 수학적 이론을 완성시킨 것으로 평가받고 있으며 지금도 과학계에 많은 영향을 주고 있다.

22

고트프리트 라이프니츠

천재들이 유난히 많았던 17세기에

천재들의 완결판이란 평을 받던

수학자이자 철학자 그리고 이진법의 창안자.

이진법

모든 디지털 기기는 이진법을 사용한다. 0과 1로 이루어진 이진법이 우리가 살고 있는 현대 사회를 더 편하고 흥미롭게 변화시키고 있는 것이다. 그리고 이진법의 창안자가 바로 라이프니츠다. 라이프니츠는 지금 우리가 누리고 있는 인터넷 세상의 시작점을 알린 수학자인 것이다.

17세기 천재들의 완결판으로 불린 라이프니츠

그 어느 때보다도 천재들이 많았던 17세기에 천재들의 끝판왕 같은 존재가 고트프리트 라이프니츠였다고 한다. 그는 수학, 물리학, 지리학, 생물학, 법률학, 철학 등 수많은 분야에 발자취를 남긴 만능 천재였으며 언어에 남다른 재능이 있었고 수학사와 철학사에 남긴 업적은 특히 크다.

무한소 미적분 분야를 열었다고 평가받는 라이프니츠는 아이작 뉴턴과 미적분학의 창시자가 누구였는지 논쟁이 붙을 정도로 이 분야에 뛰어난 업적을 남긴 수학자였다. 그가 미적분학을 연구하며 창안한, 라틴어 summa의 S를 길게 늘인 적분기호, $\int$, 라틴어 differentia의 d를 응용한 미분기호와 같은 수학 기호들은 현재도 활발하게 사용한다.

1세기에 걸쳐 진행된 누가 진정한 미적분의 창시자인가에 대한 논쟁은 18세기 후반 뉴턴과 라이프니츠가 각자 연구해 남긴 업적으로 인정받으면서 끝나게 되었다.

라이프니츠가 발견한 미적분학에는 함수의 곱의 미분을 구하는 공식인 라이프니츠의 법칙Leibniz rule이 있다. 이 법칙은 미적분학에서의 곱의 법칙product rule 또는 곱의 미분법이라고도 부른다. 또 적분 함수를 어떻게 미분할지 설명한 라이프니츠의 적분 법칙도 들어 있다.

라이프니츠의 법칙

$$\{f(x)g(x)\}' = f'(x)g(x) + f(x)g'(x)$$

적분 함수의 공식

$$\int_a^b f(x)dx = [F(x)]_a^b = F(b) - F(a)$$

1679년에는 항등식, 공집합, 논리곱, 부정의 개념을 착안했다.

라이프니츠의 수학적 발견에 영향을 받은 19세기 영국 수학자 불은 AND, OR, NOT와 같은 논리 연산을 사용하는 불대수를 선보였다.

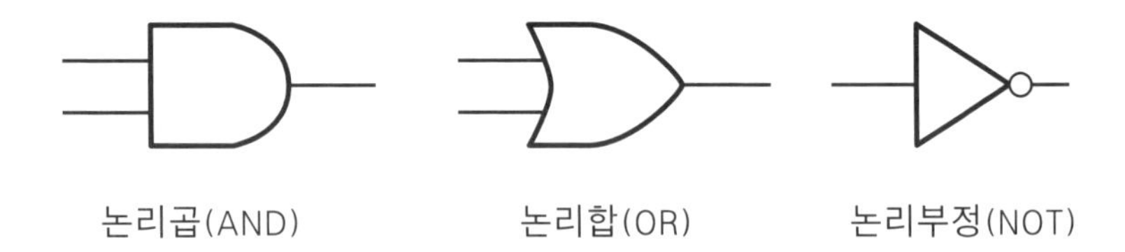

불대수를 이용한 논리기호의 예.

브누아 만델브로는 라이프니츠가 언급한 프렉탈 구조의 자기 유사성에 대해 연구해 프렉탈 이론을 정립시켰다.

고사리나 나뭇가지가 뻗는 모습, 주식 변동 곡선의 변화 등 다

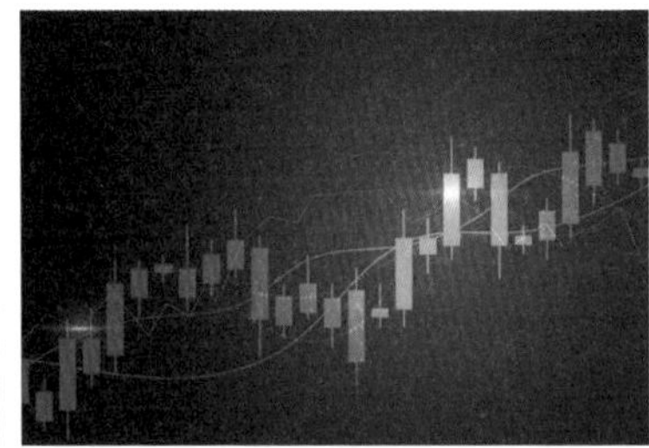

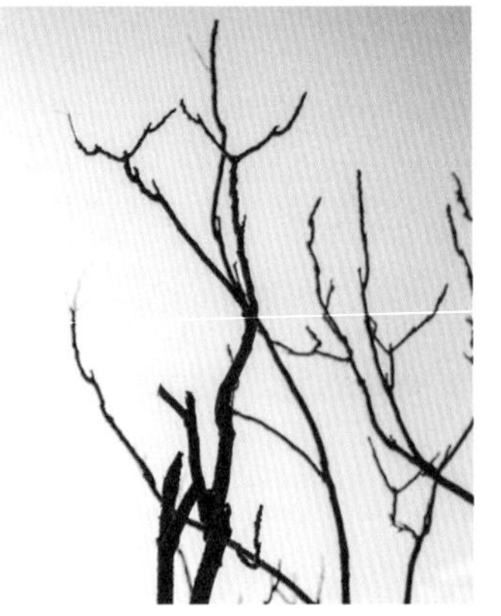

고사리 잎, 주식그래프, 나뭇가지 등에서 관찰할 수 있는 프렉탈은 우리가 자연계에서 관찰할 수 있는 수많은 프렉탈들 중 일부이다.

양한 곳에서 찾아볼 수 있는 자기유사성을 통해 일부에서 전체와 비슷한 기하학적 형태를 가지는 구조를 프렉탈 구조라고 한다.

1690년 라이프니츠 계산기.

라이프니츠는 덧셈과 뺄셈만 가능했던 파스칼의 계산기에 곱셈, 나눗셈, 제곱근 계산 기능을 추가했다. 또 라이프니츠의 설계도를 기본으로 한 최초의 실용 계산기가 P. M. 한 P. M. Hahn에 의해 1774년 제작되었다.

4차 산업혁명 시대를 이끄는 인터넷 세상의 언어인 이진법도

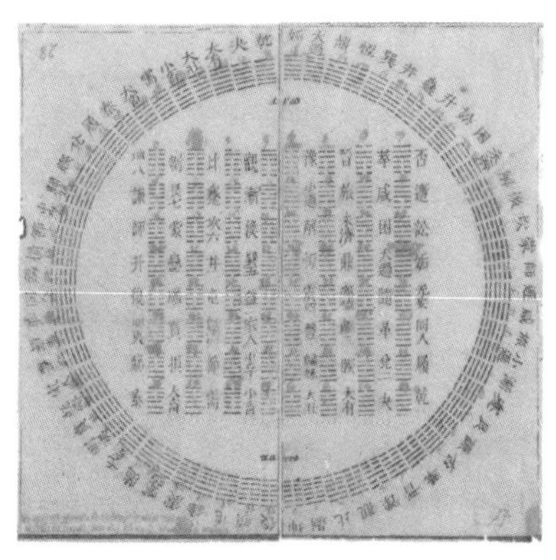

부베 신부가 라이프니츠에게 보낸 주역의 64괘 그림(1700년).

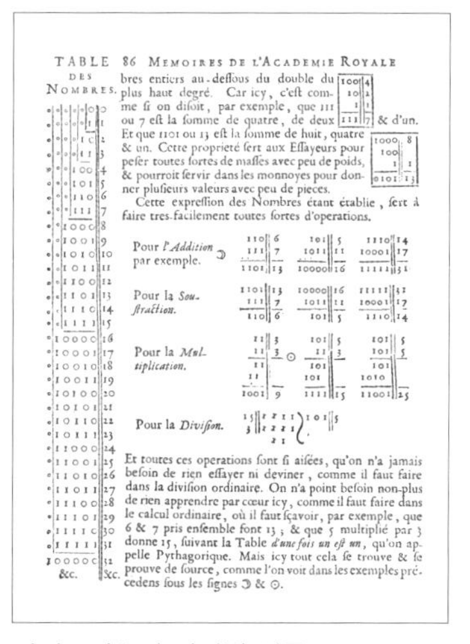

86 MEMOIRES DE L'ACADEMIE ROYALE

TABLE DES NOMBRES.

0	0
1	1
10	2
11	3
100	4
101	5
110	6
111	7
1000	8
1001	9
1010	10
1011	11
1100	12
1101	13
1110	14
1111	15
10000	16
10001	17
10010	18
10011	19
10100	20
10101	21
10110	22
10111	23
11000	24
11001	25
11010	26
11011	27
11100	28
11101	29
11110	30
11111	31
100000	32
&c.	&c.

bres entiers au-dessous du double du plus haut degré. Car icy, c'est comme si on disoit, par exemple, que 111 ou 7 est la somme de quatre, de deux & d'un.

100	4
10	2
1	1
111	7

Et que 1101 ou 13 est la somme de huit, quatre & un. Cette proprieté sert aux Essayeurs pour peser toutes sortes de masses avec peu de poids, & pourroit servir dans les monnoyes pour donner plusieurs valeurs avec peu de pieces.

1000	8
100	4
1	1
1101	13

Cette expression des Nombres étant établie, sert à faire tres-facilement toutes sortes d'operations.

Pour l'*Addition* par exemple. ☽

110 + 111 = 1101 (6 + 7 = 13); 101 + 1011 = 10000 (5 + 11 = 16); 1110 + 10001 = 11111 (14 + 17 = 31)

Pour la *Soustraction*.

1101 − 111 = 110 (13 − 7 = 6); 10000 − 1011 = 101 (16 − 11 = 5); 11111 − 10001 = 1110 (31 − 17 = 14)

Pour la *Multiplication*. ⊙

11 × 11: 11, 11, 1001 (3 × 3 = 9); 101 × 11: 101, 101, 1111 (5 × 3 = 15); 101 × 101: 101, 1010, 11001 (5 × 5 = 25)

Pour la *Division*.

15 ÷ 3 = 101 (5)

Et toutes ces operations sont si aisées, qu'on n'a jamais besoin de rien essayer ni deviner, comme il faut faire dans la division ordinaire. On n'a point besoin non-plus de rien apprendre par cœur icy, comme il faut faire dans le calcul ordinaire, où il faut sçavoir, par exemple, que 6 & 7 pris ensemble font 13; & que 5 multiplié par 3 donne 15, suivant la Table *d'une fois un est un*, qu'on appelle Pythagorique. Mais icy tout cela se trouve & se prouve de source, comme l'on voit dans les exemples precedens sous les signes ☽ & ⊙.

라이프니츠의 이진법 연구노트.

라이프니츠의 발견 중 하나이다.

이진법의 발견에는 철학자로서의 라이프니츠의 자세도 한몫했다.

라이프니츠는 중국에 선교사로 가 있던 예수회 선교사 부베J. Bouvet 신부가 보내온 주역의 64괘 그림을 보고 주역의 괘를 연구해 이진법을 착안했다.

철학자로서의 라이프니츠는 낙관론으로 유명하다.

'생각한다. 고로 나는 존재한다'는 명언을 남겼던 르네 데카르트, '내일 지구가 멸망한다 해도 나는 한 그루의 사과나무를 심겠다'고 했던 바뤼흐 스피노자와 함께 17세기 최고의 3대 합리주의론자 중 한 명으로 꼽히는 라이프니츠는 현대 분석철학의 시대를 앞당긴 것을 최고의 철학적 업적으로 꼽는다.

하지만 프랑스 철학자 볼테즈는 철학 소설 《캉디드》를 통해 라이프니츠를 조롱했다. 반대로 플라톤에 비유하며 라이프니츠의 철학에 찬사를 보낸 디드로처럼 극과 극의 평가를 받기도 한다.

프랑스의 철학자 볼테르.

라이프니츠의 천재성은 물리학과 공학 분야에도 많은 공헌을 했고, 생물학, 의학, 지질학, 확률론, 심리학, 언어학, 정보과학 등의 분야에서 앞으로 나올 개념들을 예견했다.

뿐만 아니라 정치학, 법학, 윤리학, 신학, 역사학, 철학, 언어학 분야에도 수많은 저술을 남겼다.

볼테르가 라이프니츠를 조롱하기 위해 쓴 철학 소설 《캉디드》.

23

베르누이 일가

17~18세기 유럽의 수학, 과학의 명문가

베르누이 가문.

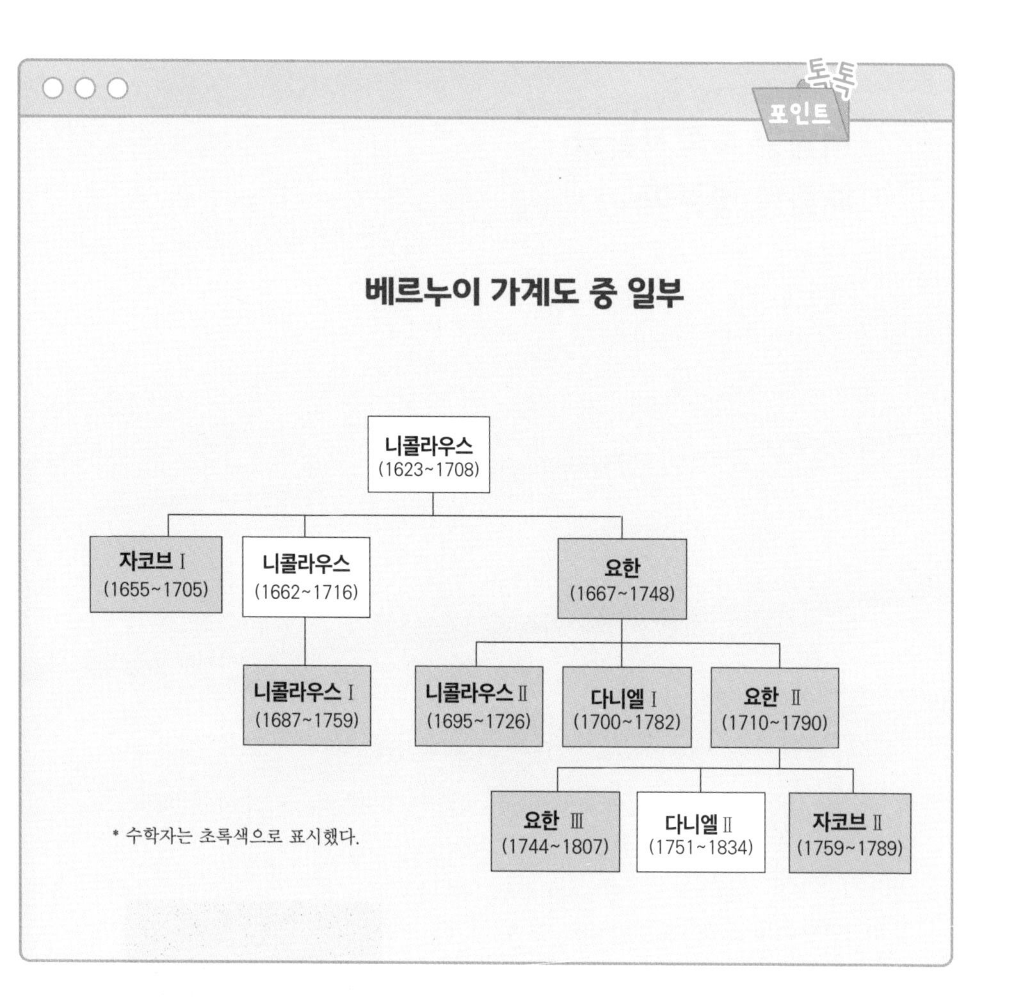
톡톡 포인트
베르누이 가계도 중 일부
니콜라우스 (1623~1708)
자코브 I (1655~1705)
니콜라우스 (1662~1716)
요한 (1667~1748)
니콜라우스 I (1687~1759)
니콜라우스 II (1695~1726)
다니엘 I (1700~1782)
요한 II (1710~1790)
요한 III (1744~1807)
다니엘 II (1751~1834)
자코브 II (1759~1789)
* 수학자는 초록색으로 표시했다.

저명한 수학자들을 배출한 명문가

니콜라우스 베르누이의 가문은 17~18세기 유럽의 수학 분야와 과학 분야를 아우르고 있다고 봐도 무방할 정도로 많은 수학자, 과학자를 배출한 가문이다. 그중에서도 특히 자코프 베르누이와 요한 베르누이 형제와 요한 베르누이의 아들 다니엘 베르누이는 유명하다.

니콜라우스 베르누이의 첫 번째 아들인 자코브 베르누이 1세Jakob Bernoulli는 일반 미적분학과 변분법을 개발한 수학자 중 한 명으로, 적분이라는 용어를 처음 사용했다. 또 저서 《추론의 기술*Ars Conjectandi*》에서 확률론을

자코브 베르누이.

설명하고 통계 분야의 발전에 이바지했다. 그는 베르누이 수(식 $\frac{x}{e^x-1}$ 공식의 거듭제곱 급수전개식의 각 계수에서 찾아볼 수 있다)를 이용한 지수 급수를 발견했으며 무한급수, 사이클로이드, 초월 곡선, 로그나선 등의 연구에도 매진했다. 저서로는 《추론의 기술》과 《큰수의 법칙》이 특히 유명하다.

무한급수

$a_1+a_2+a_3+\cdots+a_n+\cdots$ 와 같이 항의 수가 무수히 많은 급수.

사이클로이드

한 원이 일직선 위를 굴러갈 때, 이 원의 원둘레 위의 한 점이 그리는 자취.

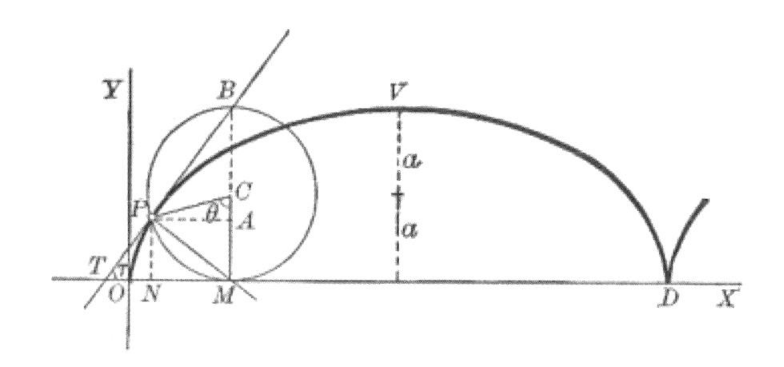

로그나선

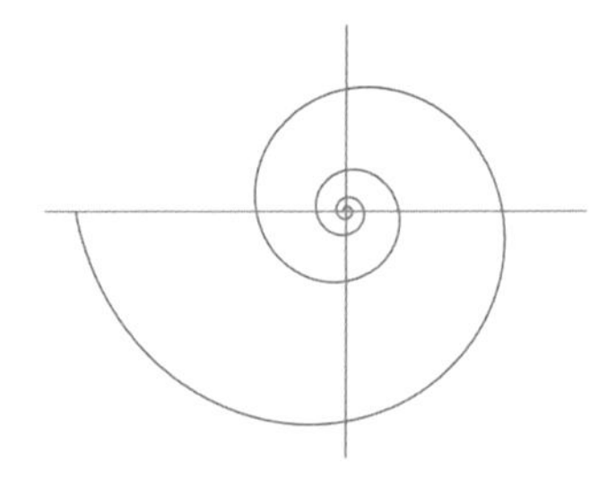

초월곡선

대수 방정식이 발견되지 않는 곡선이다. 지수 곡선, 로그 곡선, 사인 곡선, 사이클로이드 등이 있다.

요한 베르누이.

그의 동생인 요한 베르누이는 변분법의 창시자로 불리며 측지학, 복소수, 삼각법 등을 연구했다.

다니엘 베르누이.

자코브 베르누이와 요한 베르누이의 형제인 니콜라우스 베르누이의 아들 니콜라우스 베르누이 1세는 러시아의 과학 아카데미인 상트페테르부르크의 수학교수였으며 그의 아들인 니콜라우스 베르누이 2세 또한 수학자의 길을 걸었다.

요한 베르누이의 아들인 다니엘 베르누이는 《유체역학》을 출판한 최초의 수리물리학자로, 《유체역학》에는 베르누이의 원리가 담겨 있다. 또한 에너지 보존법칙과 분자운동론의 토대가 되는 아이디어도 발표했다.

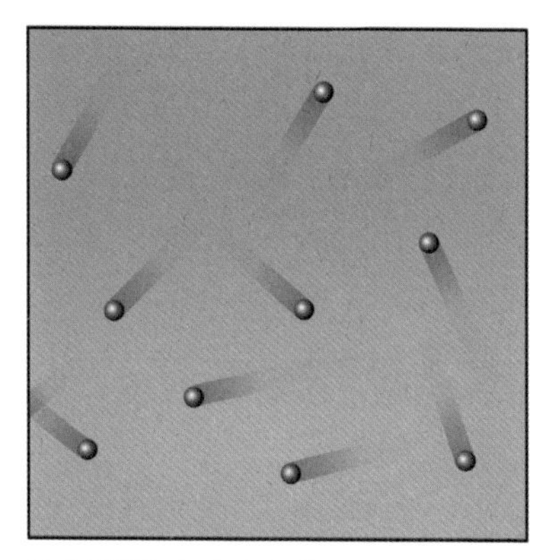

분자운동론의 이미지 예.

그리고 다니엘 베르누이의 형제인 요한 베르누이 2세는 스위스 바젤 대학의 수학과 학장으로 재직하며 물리학 분야에도 발자취를 남겼다.

요한 베르누이 2세의 아들인 요한 베르누이 3세는 베를린 왕립천문대의 천문학자로 재직하며 수학과 지리학 분야를 연구했고 요한 베르누이 3세의 아들인 자코보 베르누이 2세는 삼촌인 다니엘 베르누이의 뒤를 이어 상트페테르부르크에서 수학과 물리학을 가르쳤다.

이처럼 베르누이 일가는 수학자들만 최소 8명 이상을 배출했다.

베르누이 가문의 자연과학계에 영향을 준 업적들 중 베르누이 이름이 붙은 이론들과 기타 중요 업적을 정리하면 다음과 같다.

- 베르누이 방정식
- 베르누이 부등식
- 베르누이 분포
- 베르누이 수
- 베르누이 법칙(또는 베르누이 원리 또는 에너지 보존법칙)
- 로피탈 정리
- 큰수의 법칙

이 외에도 이들의 수학적, 과학적 연구 성과들은 많이 있다.

24

레온하르트 오일러

한붓그리기의 증명자이자

시력을 잃은 후 더 많은 연구 성과를 발표한

천재 수학자이자 과학자.

톡톡 포인트

오일러의 정리

쾨니히스베르크의 다리 건너기 문제에서 힌트를 얻어 한붓그리기의 가능 유무를 조사해 증명한 것을 말한다. 이를 한붓그리기에 관한 오일러의 정리라고 한다.

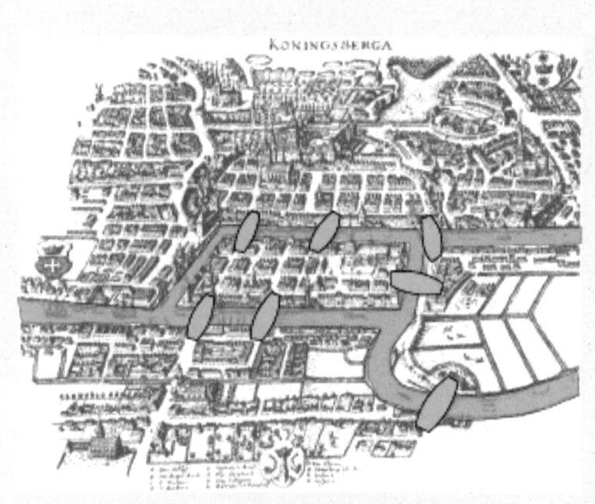

쾨니히스베르크의 다리.

꼭짓점 v, 모서리 e, 면 f의 개수에는 $v-e+f=2$인 관계가 성립한다는 오일러의 다면체 정리와 함께 오일러의 한붓그리기는 현재의 위상수학이 발전할 수 있도록 해 역사적 의의가 매우 크다.

한붓그리기를 증명한 오일러

오일러의 생애는 노력하는 천재의 모습 그 자체였다.

목회자 가정에서 태어난 오일러는 목회자의 길을 걷기를 바랐던 부모의 바람과는 다르게 수학에 대해 흥미를 가졌다. 그리고 그의 뛰어난 능력을 확인하게 된 부모는 오일러가 좋은 학교에서 공부하기를 바라며 바젤에 있는 외가로 보냈다.

13세의 어린 나이에 철학을 공부하기 위해 바젤 대학교에 입학한 오일러는 그곳에서 수학자 요한 베르누이를 만나 그의 도움을 받아 수학을 공부하게 되었다.

그동안 철학 학사와 석사학위를 받고 17세에 부모님의 뜻에 따라 신학교에 입학했지만 베르누이와의 교류도 계속 이어갔다.

누구보다 오일러의 천재성을 아끼던 베르누이는 결국 오일러의 부모를 만나 그가 목사 대신 수학자가 되어야 함을 설득했고 베르누이의 아들 다니엘 베르누이는 오일러가 상트페테르부르크 과학 학술원의 의학과와 철학과의 교수로 재직할 수 있도록 도왔다. 이때 오일러의 나이는 19살이었다.

골드바흐는 골드바흐의 추측으로 유명하다. 골드바흐가 오일러에게 보낸 편지.

그리고 26살에 수학과 학과장에 임명되었다.

또한 상트페테르부르크 과학 학술원에서 골드바흐를 만나 함께 연구하면서 평생 친구를 얻게 되었다.

오일러의 중요 업적

오일러가 수학자들 사이에서 처음으로 유명해지게 된 연구는 분수들의 합을 계산하는 방법을 발표하면서였다.

바젤 문제로 알려진 무한급수의 합에 대한 오일러의 증명은 무한곱과 무한합에 대한 결과들을 삼각함수 $\sin(x)$의 성질과 결합시킴으로서 논리학과 수학의 명작이라는 평가를 받게 되었다.

오일러는 페르마의 정수론 증명과 페르마의 마지막 정리 중 $n=3$일 때 그 방정식이 정수해를 갖지 않음도 증명했다.

오일러의 파이 함수와 $\phi(n)$의 도입도 정수론에 남긴 중요한 업적이다.

쾨니히스베르크의 다리 문제를 증명한 것도 오일러이다.

그가 저술한 《역학》은 미적분학을 이용해 뉴턴의 운동 법칙과 역학을 설명했으며 미분기하학과 측지학에 대한 이론도 소개하고 있다.

28세에 오른쪽 눈이 실명한 후에도 그의 연구 열정은 멈출 줄을 모르고 조선학, 음향학, 음악에 미치는 물리학을 연구했으며 3년 동안 미발표 연구서를 제외하고 발표한 연구 보고서만 55권이었다고 한다.

러시아의 정권이 바뀌면서 입지가 좁아진 오일러는 1741년 프레데릭 대제의 초청으로 베를린 왕립과학협회로 자리를 옮긴 후 25년 동안 그곳에서 380여 편의 책과 논문을 저술했다.

그 안에는 오일러의 방정식 또는 오일러의 항등식으로 알려진 오일러 방정식도 있다.

오일러 보존 방정식 중 대표적인 방정식은 다음 세 가지이다.

- 3차원에 대한 질량 보존(연속) 방정식

$$\frac{\partial \rho}{\partial t} + \nabla \cdot (\rho u) = 0$$

- 운동량 보존 방정식

$$\frac{\partial \rho u}{\partial t} + \nabla \cdot ((\rho u) \otimes u) + \nabla p = 0$$

- 에너지 보존 방정식

$$\frac{\partial E}{\partial t} + \nabla \cdot (u(E + p)) = 0$$

$E \equiv \rho e + \frac{\rho(u^2 + v^2 + w^2)}{2}$는 단위 부피 당 총에너지

(여기서 e는 유체의 단위 질량 당 내부 에너지).

u는 유동 속도, p는 유체의 압력, t는 유체의 밀도.

오일러의 다면체 공식 f(면의 개수)$+v$(꼭짓점의 개수)$=e$(모서리의 개수)$+2$도 한붓그리기의 오일러 정리와 함께 중요한 발견이었다(이 공식은 현재 $v-e+f=2$로 배우고 있다).

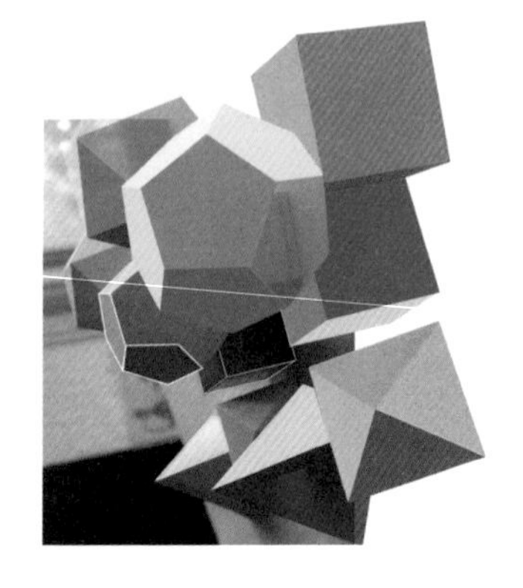

베를린 왕립과학협회에서 재직하는 동안에도 상트페테르부르크 과학

학술원의 동료들과 꾸준히 교류하던 오일러는 프레데릭 대제가 그의 자리를 대신할 새로운 사람을 찾자 상트페테르부르크 과학 학술원의 동료가 돌아오길 청하면서 다시 상트페테르부르크 과학 학술원으로 자리를 옮겼다. 그리고 이곳에서 남은 한쪽 눈의 시력도 잃게 되었다.

시력을 잃고 아내마저 세상을 떠나자 오일러는 학술지와 다른 과학적 자료들을 동료들과 아들의 도움으로 듣고 머릿속의 이론을 암산으로 계산해 증명되면 그들에게 받아 적게 하는 방법으로 400여 권의 논문과 책을 저술했다.

그중에는《적분의 기초》《굴절광학》《대수학 입문서》등이 있으며 해군 훈련소에 교재로 채택된 배와 조종에 관한 안내서도 있다.

암산으로 해결한 그의 연구 중에는 오일러 벽돌도 있다.

뿐만 아니라 그는 많은 수학 기호들과 수학 표기법들을 소개했는데 그 기호들 중에는 근삿값이 2.71828인 자연상수 e, 허수 $\sqrt{-1}$을 나타내는 i, 합의 기호 Σ, 근삿값이 3.14159인 원주율 p, 양 y의 변화율을 나타내는 Δy 등이 있으며 수학사에 큰 영향을 주어 지금도 사용한다.

평생 560여 권의 논문과 저서를 발표했고 미발표된 연구도 많았던 오일러의 연구는 순수 수학부터 응용 수학까지 다양한 분야를 아우르고 있다. 또한 그의 정수론, 대수학, 기하학을 비롯해 변분학, 미분방정식, 복소함수 이론, 그래프 이론, 환 이론 등의 연구는 새로운 수학 분야의 기초가 되었다.

이 외에도 그는 역학, 천문학, 의학, 식물학, 광학, 항해학, 물리학, 탄도학 등에도 많은 기여를 해 수학자들은 18세기를 오일러의 시대라고도 부른다.

25

피에르 시몽 라플라스

프랑스의 뉴턴으로도 불리던

18세기 프랑스의 위대한 수학자이자

천문학자, 물리학자.

라플라스 변환

$$F(s)=\int_0^\infty e^{-st}f(t)dt$$

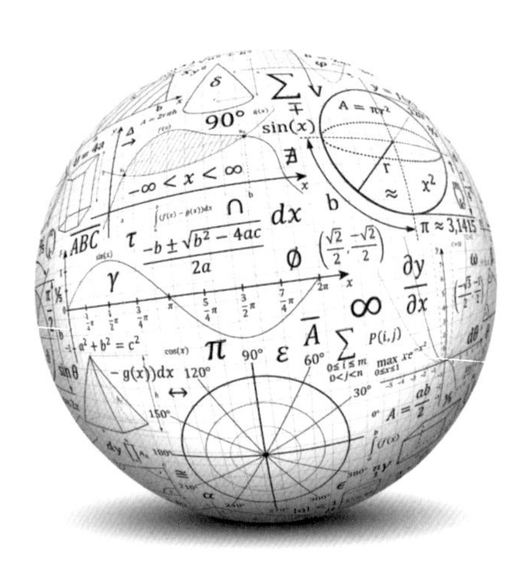

18세기 프랑스의 뉴턴 라플라스

프랑스 노르망디에서 태어난 라플라스는 확률론과 미분법, 해석학 등을 연구한 프랑스의 수학자이자 〈천체 역학〉의 저자이며 물리학자이기도 하다. 그의 수많은 연구 결과 중 함수의 라플라스 변환과 라플라스 방정식이 특히 유명하며 라플라스 시행 역시 그의 연구 업적 중 하나이다.

라플라스 방정식

2차 타원 편미분 방정식인 라플라스 방정식은 $\nabla^2 u = 0$ 또는 $\Delta u = 0$과 같이 표현되며, 여기서 u는 임의의 스칼라 함수이다. 또 $\Delta = \nabla^2 = \nabla \cdot \nabla$은 라플라스 연산자이다. 3차원 직교 좌표계 (x, y, z)에서 $\frac{\partial^2 u}{\partial x^2} + \frac{\partial^2 u}{\partial y^2} + \frac{\partial^2 u}{\partial z^2}$로 표현된다.

라플라스 시행

만약 동전 던지기를 한다면 동전은 앞뒷면이 있기 때문에 서로 다른 두 가지 근원사건이 생긴다. 동전을 던지면 앞면 또는 뒷면이 나온다. 이 경우 근원사건의 개수는 유한하다. 그리고 확률은 반반이다. 따라서 동전 던지기는 라플라스 시행이다.

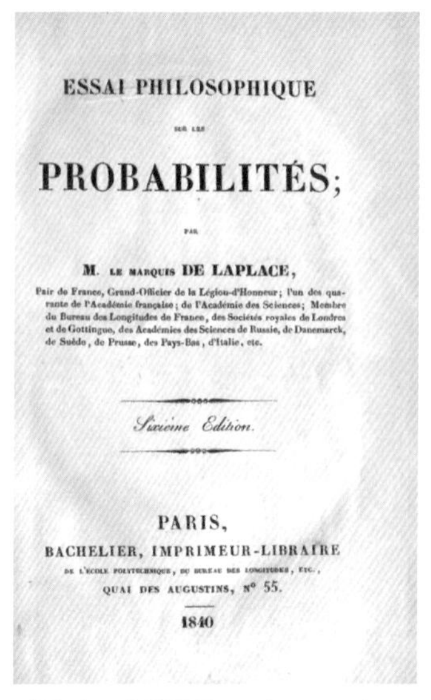
ESSAI PHILOSOPHIQUE

SUR LES

PROBABILITÉS;

PAR

M. LE MARQUIS DE LAPLACE,

Pair de France, Grand-Officier de la Légion-d'Honneur; l'un des quarante de l'Académie française; de l'Académie des Sciences; Membre du Bureau des Longitudes de France, des Sociétés royales de Londres et de Gottingue, des Académies des Sciences de Russie, de Danemarck, de Suède, de Prusse, des Pays-Bas, d'Italie, etc.

Sixième Édition.

PARIS,

BACHELIER, IMPRIMEUR-LIBRAIRE

DE L'ÉCOLE POLYTECHNIQUE, DU BUREAU DES LONGITUDES, ETC.,

QUAI DES AUGUSTINS, N° 55.

1840

라플라스의 확률론 표지 1840년.

예에서 보듯 유한개의 근원사건이 있고 각 근원사건이 일어날 확률이 반반인 시행을 라플라스 시행이라고 한다.

라플라스 변환

공학 특히 전자공학 분야에서 광범위하게 사용되고 있는 매우 중요한 발견이다. 라플라스 변환은 선형미분방정식을 더 쉽게 풀기 위해 간단한 대수 문제로 바꾸는 방법이기 때문이다.

그런데 라플라스의 이름이 붙은 것과는 달리 처음 사용한 수학자는 드니 포아송으로 알려져 있다.

라부아지에와 그의 와이프의 초상화.

라플라스와 라부아지에가 함께 연구했던 열량계 이미지.

라플라스는 틈만 나면 제자들에게 오일러야말로 모든 방면에서 우리의 지도자이니 오일러를 읽으라고 외칠 정도로 오일러를 존경했다. 또 앙투안 로렌 라부아지에의 친구이자 열 연구의 공동연구자이기도 하다.

라플라스의 천문학적 연구 중에는 단시간 규모에 대해서만이지만 태양계의 안정성 증명도 있으며 라플라스의 성운설을 제안하기도 했다.

성운설은 원시성간물질에서 태양과 행성들이 발생했다는 이론이다.

찾아보기

참고 도서

누구나 수학 위르겐 브릭 지음 | 정인회 옮김 | 오혜정 감수

달콤한 수학사 1 마이클 j. 브레들리 지음 오혜정 옮김

달콤한 수학사 2 마이클 j. 브레들리 지음 황선희 옮김

빅퀘스천 수학 조엘 레비 지음 | 오혜정 옮김

수학 수식의 숨겨진 아름다움 수학 수식 미술관 박구연 지음

숫자로 끝내는 수학 100 콜린 스튜어트 지음 | 오혜정 옮김

위대한 수학자의 수학의 수학의 즐거움 레이먼드 플러드, 로빈 윌슨 지음 | 이운혜 옮김

한 권으로 끝내는 수학 페트리샤 반스 스바비, 토머스 E. 스바니 지음 | 오혜정 옮김

참고 사이트

국립국어원 국어사전 https://stdict.korean.go.kr/main/main.do

수학백과 http://www.kms.or.kr

두산백과 www.doopedia.co.kr

나무위키 namu.wiki

혹시 참고했음에도 기록하지 못한 자료가 있을 수도 있습니다.
기록이 안 된 자료는 찾게 되면 개정판에 올리겠습니다.

이미지 저작권